山地城市建造丛书
SHANDI CHENGSHI JIANZAO

U0184451

CHENGSHI FUZA GONGGONG KONGJIAN
JIANZAO JI GUANLI

城市复杂公共空间
建造及管理
—— 重庆来福士项目纪实

⊙ 主编 陈树林 陈 斌 许 慧

⊙ 副主编 申 雨 沈 锐 黄 涛 林世友

重庆大学出版社

内容提要

本书详细叙述了重庆来福士项目建筑及管理的全过程,包括江边特殊地质施工、风帆造型超高层塔楼施工、复杂钢结构体系施工、空中连廊施工、古城墙发掘对工程管理的影响、交通及环境对工程管理的影响等一系列工程难题的解决处理方案,并组织项目参建人员整理建设过程中的第一手施工资料,以纪实的形式记录重庆来福士项目建造及管理的全过程,汇总呈现了建设过程中的各种珍贵资料。

本书是对重庆来福士项目建造过程技术和经验的总结,可为同类项目的建造及管理提供参考。

图书在版编目(CIP)数据

城市复杂公共空间建造及管理:重庆来福士项目纪实/陈树林,陈斌,许慧主编. -- 重庆:重庆大学出版社,2023.5
(山地城市建造丛书)
ISBN 978-7-5689-3889-1

Ⅰ.①城… Ⅱ.①陈… ②陈… ③许… Ⅲ.①城市空间—公共空间—建筑设计—重庆 Ⅳ.①TU984.271.9

中国国家版本馆 CIP 数据核字(2023)第 081502 号

城市复杂公共空间建造及管理
——重庆来福士项目纪实

主 编 陈树林 陈斌 许慧
副主编 申 雨 沈 锐 黄 涛 林世友
策划编辑:范春青
责任编辑:姜 凤   版式设计:范春青
责任校对:王 倩   责任印制:赵 晟

*

重庆大学出版社出版发行
出版人:饶帮华
社址:重庆市沙坪坝区大学城西路 21 号
邮编:401331
电话:(023)88617190 88617185(中小学)
传真:(023)88617186 88617166
网址:http://www.cqup.com.cn
邮箱:fxk@ cqup.com.cn(营销中心)
全国新华书店经销
重庆升光电力印务有限公司印刷

*

开本:787mm×1092mm 1/16 印张:15.25 字数:336 千
2023 年 5 月第 1 版   2023 年 5 月第 1 次印刷
ISBN 978-7-5689-3889-1 定价:98.00 元

本 书 编 委 会

序　言

　　近年来,我国经济快速发展,工程建设不断创新,一些城市公共空间呈现出立体空间多层次、分类整合多功能、层次内人流密度大的特征,典型案例包括客运综合交通枢纽、商业综合体等。齐康院士在《城市建筑》中提出城市建筑的"整合"理念,此类城市公共空间将"整合"理念融入城市公共空间的建设中。20世纪40—60年代,科学界经历了从经典科学向复杂性科学转向的历史变革,发展至70年代,复杂性成为系统科学的主要研究内容。20世纪60年代,简·雅各布斯在《美国大城市的生与死》中提倡通过城市的复杂性、多样性体现城市的活力和本质。与此同时,后现代主义在西方兴起,更为推崇城市空间结构与功能中固有的多样性与复杂性。根据复杂系统理论,此类空间主要在空间结构、功能集聚、构成要素的非线性和涌现性方面体现系统复杂性。从系统复杂性角度出发,本书以"城市复杂公共空间"的概念来表征此类城市公共空间。

　　重庆来福士项目建造过程具有典型性,从基础工程到主体工程,再到机电、幕墙等过程施工组织及全过程项目管理都可以总结提炼成教科书级教学案例,建造中采用了高层塔楼施工技术、钢结构吊装技术、观景天桥整体提升技术、机电深化施工技术、幕墙深化安装技术等创新工艺及方法。在施工过程中解决了诸多难题,如运输问题、施工环境协调、复杂地质条件、文物古迹处理、洪水防控、高空整体观景天桥施工等。重庆来福士项目的建造和管理过程,是城市复杂公共空间建造及管理过程中众多问题的集合和浓缩。

作为一个大型的城市复杂公共空间项目,重庆来福士的施工难度、施工技术、管理成果都可作为同类项目可借鉴的案例。

编　者

2022 年 3 月

目 录
CONTENTS

第 1 章

项目概况

重庆,是一个有着深刻内涵的地名,是一片文墨相辉展现历史积淀和文化张力的热土,几千年浮沉积淀了独特的城市精神,几千年厚积薄发造就了今日的辉煌。重庆作为举世闻名的历史文化名城,有文字记载的历史已达 3 000 多年。公元 1189 年宋光宗于此置府,曰"重庆府",遂以"重庆"为名。目前,重庆是西南地区和长江上游地区的经济中心、重要的交通枢纽和内河口岸。作为中国西部唯一的直辖市,重庆既是西部大开发的重要战略支点,又是"一带一路"与长江经济带互联互通的重要枢纽,也是中新政府之间第三个合作项目落地的运营中心。

朝天门位于重庆城东北长江、嘉陵江交汇处,襟带两江,壁垒三面,地势中高。朝天门之于重庆相当于天安门之于北京,一直是重庆的门面,深得重庆人民的喜爱。作为重庆历史上 17 座城门中重要的城门之一,钦差大臣抵渝传达皇帝圣旨,都在此门上岸,故称朝天门。同时,作为重庆最古老的长江渡口,它记录了传统的航道运输为这座内陆城市建设作出的重大贡献。朝天门是重庆最重要的地理标志。

重庆来福士项目(以下简称"本项目""来福士项目""项目")坐落于长江和嘉陵江交汇处——朝天门,所在地渝中区是重庆主城区的核心区域。

1.1 来福士简介

来福士,是"凯德中国"旗下知名的综合商用项目品牌,"凯德中国"既是来福士品牌开发者,也是拥有者和管理者。该品牌 1986 年诞生于新加坡,之前在全球拥有 9 座项目,其中 6 座位于中国,分布在上海、北京、成都、杭州、宁波及深圳。

作为凯德集团旗下的综合体旗舰品牌,来福士将"城中之城"这一理念融入建筑中,打造融合高端住宅、酒店、商务办公楼、购物中心、服务式公寓 5 种核心业态于一体的新一代城市商圈。

1.2 重庆来福士项目简介

重庆来福士项目是由凯德集团开发的城市综合体,投资约 240 亿元人民币,是重庆主城渝中区的最大外资项目。重庆来福士项目选址朝天门（图 1.1），直面长江与嘉陵江交汇口。

图 1.1 重庆来福士项目特殊的地理位置

该项目占地面积为 91 782 m²（图 1.2），总建筑面积（包含市政配套设施）为 1 148 260.06 m²。不包含市政配套设施的建筑面积为 1 080 532.28 m²，其中地上建筑面积为 930 014.50 m²，地下建筑面积为 218 245.56 m²。建设用地地形为梯形，北面东西宽约 220 m，南面东西宽约 495 m，南北长约 310 m。

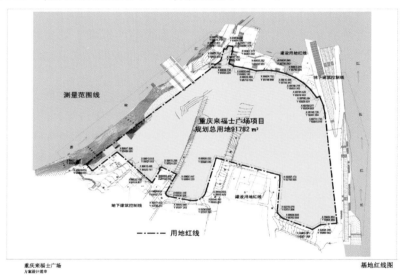

图 1.2 重庆来福士用地红线示意图

重庆来福士项目整合了陆地和水运的多种公共交通设施，设置高架桥、地铁站、公交中转站、港务码头和游客中心，由 8 栋塔楼和一栋 5 层商业裙楼组成。8 栋塔楼包括 2 栋约 350 m 高的综合商住楼（70~75 层）、6 栋约 250 m 高的塔楼（50~51 层），其中 4 栋在屋顶通过一座长 300 m、高 250 m 的空中观景天桥构成。项目设计的亮点是连接 4 座塔楼、60 层楼高、长 300 m 的"观景天桥"，其晶莹剔透的玻璃构造，将公共空间及城市花园带到朝天门的上空，在 250 m 的高空汇集了观景台、俱乐部、休闲餐饮区等舒适宽敞的空间，置身其中，瑰丽的江景、山景尽收眼底，在夜晚犹如一条璀璨的琉璃锦带横亘于朝天门水域。购物中心共 6 层，包括 3 层地下室。商业体量约 23.5 万 m³，共规划引进 400 多个品牌，着力引进新业态和品牌首店。

重庆来福士是一座集住宅、办公楼、商场、服务式公寓、酒店、餐饮会所为一体的城市综合体,成为重庆市地标建筑(图1.3)。该项目致力于在城市和区域发展中发挥更大的作用,将极大地改善朝天门区域的商业格局,是重庆走向世界的城市名片,也是重庆与世界经济、文化交流互通的窗口(图1.4)。

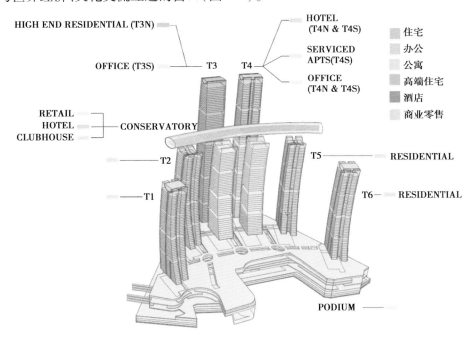

图1.3　来福士项目功能分析© Safdie Architects

图1.4　以嘉陵江为视角的建筑整体效果图© Safdie Architects

1.3 重庆来福士项目的设计意向

1.3.1 形象设计

重庆来福士项目由世界知名建筑大师摩西·萨夫迪(Moshe Safdie)的萨夫迪建筑师事务所(Safdie Architects)设计。该项目塔楼设计源于重庆积淀千年的航运文化。重庆老城位于长江、嘉陵江两江交汇的渝中半岛,宛如一艘航行在河流中的大船,朝天门位于"大船"的最前端(图1.5)。来福士项目设计意向为"朝天扬帆",8栋弧形塔楼临水向北,宛若帆船桅杆,分别以350 m及250 m的高度幻化为江面上迎风招展的风帆,诠释了"古渝雄关"的磅礴气势。面向南面的塔楼群形成内弧面,呈现一种拥抱城市的姿态(图1.6)。

图1.5 摩西·萨夫迪的设计手稿图© Safdie Architects

图1.6 重庆来福士空中摩天大楼© Safdie Architects

1.3.2 功能设计

摩西·萨夫迪说:"重庆有着几千年的历史,这座城市现在正飞速地发展和更新着,对不断增多的超大型、高密度建筑项目的设计要求也越来越高。根据项目巨大的体量和复杂的场地特点,我们的设计将重新连接城市的人流、车流、轨道交通与轮渡,并将这些资源分层汇集于重庆最重要的历史地标之一——迎官接圣之地朝天门。"

重庆来福士以设计为引擎,新增的人行道和公共交通设施,强化了周边居民、来访游客和公众从解放碑区域至朝天门广场之间的连接与沟通。除了增加一个集地铁、公交和轮渡于一体的综合交通枢纽外,设计团队还创造性地在原有路网基础上植入交通分流系统来进一步增加该项目的通达性。该系统既能连接上层的道路,又能连接项目附近的下层滨江路,无形中消弭了 30 m 的道路落差,该设计还特别关注了整个项目及其周边区域人行道路的便利性。

裙楼顶部山城花园与该区域地势较高的街道保持平行,又经由直梯与朝天门广场相连,层层叠叠,让人不禁联想到山城特有的山形地势(图 1.7)。这条崭新的公共步道全天候开放,行人沿此可到达分布于 5 层的购物中心,又于起承转合间通过一座人行天桥直达朝天门广场。此外,嘉滨路和长滨路两条沿江公路的人行步道也由原来的3 m 拓宽至 7 m,有效地提升了分流效率。依傍山城的天然地势,建筑师在购物中心裙楼顶部打造出一座逾 30 000 m² 的大型户外公共花园(规模略大于纽约麦迪逊公园)——山城花园——如同一片城市绿肺,滋养着朝天门广场。山城花园绿意盎然、空间开阔,还有艺术雕塑点缀其间,包括中国当代艺术家郑路、焦兴涛的作品。

图 1.7　陕西路和朝千路楼顶花园(山城花园)

1.4　重庆来福士项目建筑功能用途

①三层地下室局部有夹层,最深处约 14 m,主要用途为车库、机电设备间以及人防(位于地下三层及地下两层);地库顶层(吊六层)东/西/北三面沿红线建有贯通的市政道路,此路兼作消防车通道;南面则建有贯穿东西的环形高架市政道路;地库顶层南侧建有公交车站。

②项目内配备有 3 207 个停车位,同时整合完善了陆地和水运的各种公共交通设施,设置地下高架桥、地铁站、公交中转站、港务码头和游客中心。

③购物中心 L1 层包括朝天门广场、观景台入口以及陆地和水运的各种公共交通

设施,10 余条公交线路保障了项目的通达性。地铁 1 号线朝天门站多个地铁出入口直接接入项目,可分别通往小什字、陕西路、新华路等繁华地段,使该项目享有城市中心独有的极致便利交通网路。

④6 层裙楼(吊 5 层至裙楼顶)地上 6 层,高约 41 m,主要用途为商业;其中裙楼南侧偏西位置的吊 3 层至吊 1 层建有地铁 1 号线朝天门站;裙楼顶为本项目主要的消防通道及消防扑救面。

⑤8 栋塔楼中有 4 栋高 250 m 的高端江景住宅,包括嘉陵贰(T1)、嘉陵壹(T2)、扬子壹(T5)、扬子贰(T6)。

⑥T2/T5 塔楼典型层高 3.6 m;裙房以上共 48 层,底板至主屋面结构总高约 248 m,屋顶与观景天桥相连,塔楼东西向平面长 31 m,南北向北面呈帆形,平面尺寸沿结构高度 45~61 m。T1/T6 与 T2/T5 建筑功能相同,典型层高 3.6 m,裙楼以上共 48 层,底板至主屋面结构总高约 240 m,平面尺寸与 T2/T5 基本相同。

⑦T3S/T4S 塔楼:T4S 塔楼从地下室底板至主屋面结构总高为 239 m,共 54 层;塔楼东西向平面长 31.8 m,南北向北面呈风帆造型,平面尺寸沿结构高 44~61 m,第一区段与裙楼及地下室相连,用作商业及停车库,第二、三区段用作办公楼层,典型层高 4.3 m,第四、五区段用作豪华型服务公寓,典型层高 3.5 m;屋顶与观景天桥相连,并有空中走廊通往 T4N。T3S 建筑外形与 T4S 相同,高约 239 m,共 50 层,典型层高 3.4 m,屋顶与观景天桥相连。

⑧T3N/T4N 塔楼:T3N 塔楼用途为高端住宅,典型层高 3.8 m;裙楼以上共 73 层,底板至主屋面结构总高为 360 m;塔楼东西向平面长 38 m,南北向北面呈帆形,平面尺寸沿结构高 32~45 m。T4N 塔楼用途为办公楼,典型层高 4.3 m,高区用途为酒店,典型层高 3.6 m;裙楼以上共 70 层,底板至主屋面结构总高 357 m,塔楼东西向平面尺寸 38 m,南北向北面呈帆形,平面尺寸沿结构高 32~45 m。

⑨观景天桥:长约 300 m,宽约 30 m。建于 T2,T3S,T4S,T5 塔楼屋顶上,离地面约 250 m,总面积约 9 000 m²。由塔楼上方天桥、塔楼间提升段天桥、悬臂段天桥组成;整个天桥重约 4 万 t,被誉为"横向摩天大楼",如图 1.8 和图 1.9 所示。

 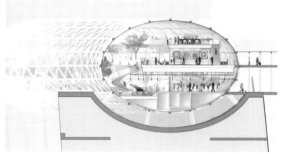

图 1.8　观景天桥效果图

图1.9 观景天桥内部图

1.5 重庆来福士项目商业介绍

重庆来福士项目的商业体量约23.5万 m³,5层楼面共规划引进400多个品牌,其中餐饮面积占比约30%,零售品牌面积占比约40%,着力引进新业态和品牌首店。业态方面,在零售、餐饮、娱乐等日常服务的基础上,兼顾文创、特产、旅游产品等业态。

多首层、多入口的设计让重庆来福士购物中心与城市无缝连接,实现以点带面提升城市与世界同步的能力。便捷的交通和多元的通达方式更是让出行变得十分轻松,地铁、公交、自驾,甚至可以选择轮渡这种极具重庆特色的出行方式前往。为实现旅游和商业的无缝连接,重庆来福士购物中心设置了连接朝天门广场和解放碑的24 h通道,游客们可以随时穿过购物中心,抵达朝天门广场一览重庆的两江美景;城市街道与裙楼屋顶的山城花园平层无缝连接,沿着微微倾斜的山城花园向上,既可饱览两江交汇美景,享受城市的自然绿色,又可通过“屋顶花园+餐饮”的场景空间体验业态的创新结合。

在重庆来福士购物中心,一楼商场规划颇具重庆特色,南边为长江区,规划为特色小吃、餐饮聚集区;北边为嘉陵江区,规划以地方特产为主的伴手礼集市,让重庆味道和记忆走向世界。如此特别的商业布局,旨在充分发挥朝天门的旅游地标优势,将分散于城市各个区域的潮流打卡点汇聚于此,打造重庆旅游承接总部。

此外,作为超级建筑的城市综合体,除购物中心、高端住宅、办公楼、服务公寓和酒店五大核心业态外,独有的观景天桥更是拥有观景台、俱乐部、空中花园餐厅及酒吧三大特别业态。重庆来福士首创的“全维式”体验,将为购物中心输送源源不断的客流,这也是该购物中心区别于普通商场的一大优势和特点。

为了匹配城市地标级项目的定位,重庆来福士购物中心将覆盖最全的客群和多元化的消费需求,致力打造一个集多元旅游资源、历史文化沉淀、中新文化艺术于一体的互动式国际社交目的地。例如,重庆首家失重餐厅,让顾客享受极致有趣的用餐体验;“书店黑马”言几又将咖啡文化、文创产品、特色体验空间融为一体;源于韩国的CGV

影城,超 5 600 m^2 打造全国旗舰店,为重庆市场带来非凡的观影体验。此外,还有 TWG Tea、苏宁极物等知名品牌也纷纷入驻,这些店几乎都是首进重庆、首进西南的城市旗舰店、概念店。该项目开业后,朝天门与解放碑将形成双核商圈。

1.6 重庆来福士项目的建设难点突破举例

重庆来福士项目耗资 240 亿元人民币,耗时 8 年修筑完成,是不折不扣的"超级工程",在修建过程中,不可避免地遭遇了许多困难与挑战,但建筑师们依据精巧的建筑设计和完美的建造技术,最终让这座"扬帆起航"的地标建筑展现在世人面前(图1.10)。

图 1.10 建设中的重庆来福士© Safdie Architects

开工伊始,面对即将来临的汛期、复杂的地下岩层、狭小的施工现场、坑中坑的作业环境以及 T3N 塔楼设计的 4 根直径 5.8 m、扩大头直径 9.6 m,斜率达到国内外罕见的 1:3 超大比例巨型桩基。项目部在方案上精心部署,在实施中对进度严格保障,赶在汛期来临前完成了工程桩的施工,并全部评定为一类桩。所有的建筑材料运输只能靠一条仅 6 m 宽的临时道路艰难维持,为了破解交通压力大等难题,经过反复论证与考量,项目创造性地在 -47 m 的坑下成功搭建 1 200 t 钢栈桥。

项目临江一侧地处滑移软弱破碎层,受东侧古城墙影响,56 根抗滑桩的施工仅能依靠 6 m 宽的施工栈道艰难推进,甚至还有 10 余根抗滑桩处于悬空地势,施工设备无法进入,但是施工人员根据项目特点,利用钢平台+钢护筒的施工方法,成功解决了以上难题。在浇筑 T3S 塔楼基础底板时,由于基础底板的面积约 2 900 m^2,塔楼共有 6 种底板厚度,4 种板顶标高,这种底板构造形式在国内施工现场十分罕见,为了完成浇筑,项目部通过精心策划、积极创新,研究总结了一套"多厚度异标高超大超深底板一次浇筑施工技术工法",确保浇筑的顺利实施。坑中坑侧壁单边支模最高达 6.9 m,为避免一次性浇筑模板可能发生的涨模爆模风险,项目部调整了混凝土的初凝时间,采用内拉外撑的形式圆满地解决了风险点。

在施工时,项目部还面临单向通道、零堆场的困境,项目部采用了"点菜式"发运的方法,确保材料在 00:00 进场,卸车后在 6:00 前出场,确保在不影响市内交通的情况下保质保量地将材料送达。项目部还依托全生命信息化管理平台,让每根构件都有一个二维码身份证,每个加工环节都实时进行扫码跟踪,在电脑上就可以查看每根构件的加工进度,对构件制作、安装进行物联网管理,确保现场工作有条不紊。对交通紧张问题,项目部采用立体交通网络,在建筑内实行多层通道,分散交通压力。

在修建观景天桥时,项目部采用有限元分析观景天桥,研究其结构变形与内力规律,指导措施设计和施工控制要点。整个观景天桥结构横跨 4 栋塔楼,项目部根据每个位置的特殊性,将观景天桥的安装分为 9 个部分,其中连接塔楼的 3 段在地面组装完成后,再利用液压千斤顶分别提升到位;塔楼上方的 4 段以及两端的露台部分,均在楼顶组装完成。同时,为避免在 250 m 高空处安装底部的幕墙,施工人员先在山城花园平台处预装完系统,再将其吊升至最终位置。

重庆来福士的综合性考量不仅体现在完美的项目开发上,还反映在它对独特环境关系的处理上。来福士是一座可持续的绿色环保建筑,项目采用区域制冷系统,预计可实现高达 50% 的节能。为了更好地统筹和保证施工效率,项目采用了建筑信息模型(Building Information Modeling, BIM)来提升管理效能。雨水管理系统和楼宇管理系统的应用,在大幅度提升效率的同时,通过监控设备也实现了能耗的降低。其他可持续措施包括优化遮阴以减少热量、使用高效灌溉系统以节约用水、回收建筑废物、使用可回收再造的建筑材料,以及在办公区安装二氧化碳传感器以控制新鲜空气等。凭借采用多项绿色节能技术,重庆来福士广场已获得美国绿色建筑委员会颁发的 LEED 金奖预认证。

重庆来福士凝聚了无数施工人员的智慧和汗水,在这段艰难的探索历程中,施工人员克服了重重要困难,为今后"超级工程"的修建积累了宝贵经验,让许多理论得到了实践的支撑。

1.7　重庆来福士项目大事记

重庆来福士项目大事记,见表 1.1。

表 1.1　重庆来福士项目大事记表

时间	大事记
2011 年 11 月 28 日	凯德中国以 65 亿元中标朝天门地块,总占地面积 91 782 m²
2012 年 1 月 10 日	重庆来福士项目签约

续表

时间	大事记
2012 年 9 月 28 日	重庆市市长、新加坡副总理出席开工典礼
2013 年 7 月 9 日	施工单位正式进场
2013 年 8 月	土石方全面开挖
2015 年 3 月	取得规划局方案批复
2015 年 5 月	取得市住建委初步设计批复
2015 年 5 月 1 日	总包进场
2015 年 5 月 15 日	开始古城墙调查发掘工作
2015 年 7 月 1 日	开始桩基施工
2016 年 9 月 3 日	新加坡总理考察重庆来福士项目
2017 年 6 月 18 日	塔楼 T3S 封顶(图 1.11)
2017 年 12 月 11 日	塔楼 T3N/T2 封顶(图 1.12)
2017 年 12 月 13 日	观景天桥正式起吊
2018 年 8 月 23 日	新加坡名誉资政考察重庆来福士项目
2019 年 1 月 14 日	观景天桥完工(图 1.13)
2019 年 1 月 25 日	最后一栋塔楼 T1 封顶(图 1.14)
2019 年 9 月 6 日	商业广场开业(图 1.15)
2020 年 5 月	重庆来福士项目全面投入运营

图 1.11　2017 年 6 月 18 日 T3S 封顶　　　图 1.12　2017 年 12 月 11 日 T3N/T2 封顶

图 1.13　2019 年 1 月 14 日重庆来福士观景天桥完工

图 1.14　2019 年 1 月 25 日来福士最后一栋塔楼 T1 封顶

图 1.15　2019 年 9 月 6 日来福士项目商业广场开业

第 2 章
土石方工程施工及管理

2.1　土方工程概况

　　本项目土石方约 104 万 m³,其中石方约 50 万 m³,相邻基坑开挖时,遵循先深后浅或同时进行的施工程序。挖土自上而下水平分段分层进行,每层 3 m 左右,边挖边检查坑底宽度及坡度,至设计标高时,再统一进行一次修坡清底,检查坑底宽和标高,要求坑底凹凸不超过 2.0 cm。项目土方分 5 期进行开挖,南侧土方挖运配合支护桩施工进度进行,第一阶段至第五阶段挖运分区分别如图 2.1—图 2.5 所示。

图 2.1　第一阶段挖运平面图

图 2.2　第二阶段挖运平面图

图 2.3　第三阶段挖运平面图

图 2.4　第四阶段挖运平面图

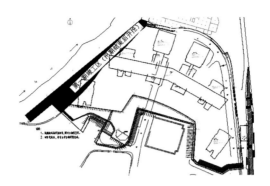

图 2.5　第五阶段挖运平面图

2.2　土方工程现场施工纪实

2.2.1　场区自然地理条件

重庆来福士项目位于重庆市渝中区朝天门广场南侧,西临嘉陵江,东傍长江,北侧直接与现有的朝天门广场连接,南侧则直接连通现有的几条城市道路(包括嘉滨路、朝千路、新华路、陕西路、朝东路以及长滨路等)(图 2.6)。项目南侧与基地毗邻的塔楼包括基良广场、九号宾馆以及烟草大厦,楼高分别为 109 m、70 m 和 56 m。

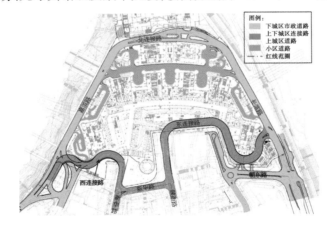

图 2.6　朝天门区域交通规划图

红色线条:连通南北和东西向道路的高架桥;黄色线条:长滨路和嘉滨路快速环线

©Safdie Architects

2.2.2　区域地质构造

重庆来福士项目处于城市老城区,原有建筑物密集,市政道路两侧各种市政管网复杂,场地西部朝千路与信义街之间、东部朝东路上布设人防洞室,位于构造剥蚀丘陵及朝天门一二级阶地地貌部位,后经人工改造,呈多级台阶状。施工条件极为复杂,场地内基岩趋势为中部和南部高,北部及东西部低,因此,东西两侧的建筑边坡类型也存在差异,场地东部以土质边坡为主,其边坡主要破坏形式以土体内圆弧滑动为主;西侧以岩土质混合边坡为主,边坡主要破坏形式受岩土交界面、砂泥岩交界面、岩体节理裂隙面以及岩体自身强度影响。同时,场地东西两侧与江水联系密切,连通性好,水量大,地下水位受江水影响大。建设用地原为老城区,现规划重建。场地地势总趋势为南边及中间高,北侧及东、西两侧低,用地红线内南侧新华路为最高点,高程约 223 m,位于偏西南侧新华路附近,西侧低点高程约 172 m,东侧低点高程约 180 m,北侧低点高程约 195 m,场地最大高差约 51 m,总体坡角为 4°~10°。场地内无断层等不良地质现象,部分区域存在地下洞室、地下管网,且地下掩埋较多建筑物废弃基础构件。经后期人工改造,场地呈多级台阶状。项目建成后,场地东、西两侧道路(即地下室顶板)标高约 195 m,最大高差(南侧至地下室顶板)约 28 m。

2.2.3 场地地形地质地貌

项目场地位于重庆市渝中区朝天门长江与嘉陵江交汇处的三角形地带。据地面调查及钻探揭露,场地内分布的地层有:第四系全新统人工填土,第四系全新统冲洪积层粉质黏土、粉土、含粉质黏土卵石土、砂含粉质黏土卵石土,侏罗系中统沙溪庙组泥岩、粉砂质泥岩、粉砂岩、砂岩。

场地基岩面总体趋势中、南部高,东、西、北侧低,总体与地形起伏相近。场地中南部基岩面呈多个丘包相间起伏状,基岩面坡度为 4°~22°,向北呈宽缓坡脊倾伏;场地西部靠嘉陵江一侧基岩面呈斜坡状,坡度为 12°~29°;场地东部靠长江一侧的基岩面较平缓,坡度为 2°~7°,与场地中部之间呈一斜坡状过渡,坡度较陡,为 16°~30°。基岩面最低点位于场地东侧,标高约 157.5 m,最高点在场地中南部,标高约 207.5 m,相对高差约 50 m。

场地基岩划分为强风化带及中风化带。基岩强风化带厚 0.30~6.75 m。强风化带底界随基岩面起伏而起伏,标高 155.68~206.07 m。强风化带风化强烈,岩心破碎,呈块碎状或砂状,质软。中风化带岩心较完整,多呈柱状或短柱状。

2.2.4 场地周边环境情况

重庆来福士项目场地周边环境情况及建筑物分布如图 2.7 所示。

①场地北侧为朝天门广场,本项目开挖标高与其地面标高基本相同。

②场地南侧为本项目高边坡所在区域,最大开挖高度超过 23 m,同时与相邻建筑物距离很近,其中九号宾馆与本基坑距离最小为 12 m,基良广场与本基坑距离最小为 8 m。

图 2.7　场地内原城市干道

③场地西侧紧邻嘉陵江,本侧尚有部分建筑未拆除,分别如图 2.8—图 2.12 所示。

④场地东侧紧邻长江,基坑开挖过后长滨路暂时保留,如图 2.13—图 2.15 所示。

图 2.8　场地南侧九号宾馆

图 2.9　场地西南侧居民楼

图 2.10　场地西侧近邻嘉陵江

图 2.11　场地西侧待拆除建筑

图2.12　正在拆除的原道路高架桥

图2.13　场地东侧建筑拆除

图2.14　场地东侧长滨路挡土墙

图2.15　施工现场

2.2.5　基坑支护工程

本项目基坑最大开挖高度达 24.15 m,主要采用预应力锚索+桩板式挡墙或悬臂式桩板式挡墙支护,局部采用锚杆格构挡墙或土钉墙+坡面喷浆支护。支护桩全部采用人工挖土桩。

(1)挡墙支护形式(表 2.1)

表 2.1　挡墙支护形式

序号	支护形式	参数
1	桩板式挡墙(人工挖孔桩)	桩截面 1.5 m×1.0 m、1.2 m×1.5 m、1.8 m×2.5 m、1.8 m×3.0 m、1.2 m×1.8 m、1.5 m×1.8 m、2.0 m×3.0 m、1.5 m×2.0 m,间距 3.0~5.0 m,板厚 250 mm
2	桩板式挡墙(机械钻孔桩)	桩直径 2.2 m,间距 4.0 m,板厚 250 mm
3	排桩式锚杆挡墙	人工挖孔桩:1.0 m×1.0 m;锚杆:间距 4.0 m(竖向)×3.0 m(水平);孔径 $D=130$ mm;钢筋 $2\phi25$(930);锚固段 5 m
4	采用预应力锚索+桩板式挡墙	桩截面 1.5 m×2.0 m、1.5 m×2.1 m、1.5 m×1.5 m、1.5 m×2.0 m,间距 3.0~4.0 m,15 索×$7\phi15.2$/1 索×$7\phi15.20$;孔径 200 mm,锚固段 8.0~11.5 m
5	土钉墙+坡面喷浆支护	放坡坡率 1:0.75,土钉 $1\phi18$,长度 8.5 m,竖向间距 1.0 m,水平间距 1.0 m,钻孔 200 mm,坡面喷浆厚度 150 mm,$\phi10@200$ 单层钢筋
6	放坡+坡面喷浆处理	放坡 1:1.25
7	锚杆挡墙	水平间距 3.0 m,竖向间距 3.0 m,锚杆 $2\phi22$,锚固段 3 m,锚孔 130 mm,纵肋 300×600 mm/400×600 mm;设厚 250 mm 的挡板

(2)人工挖孔桩支护桩

土石方挖掘是在桩孔内由人工进行挖掘,桩孔上端设小型机架,用出渣筒垂直运输土石方。孔外堆土应距孔口 1 m 以上,并应及时外运,保证场地的平整及施工道路的畅通。桩孔内用 36 V 低压灯照明,深度超过 10 m 时用鼓风机向桩孔内送风。

对石方的挖掘,采用水钻掘进,采用水钻的方式钻孔可将挡土桩桩芯与四周基岩分离。水钻开挖,即用直径 250 mm 的钢套筒沿开挖边线钻进后将挖方岩石取出,该方法可以很好地保证桩基周边岩层的完整性。

水钻施工前必须进行定位放线,搭设好固定水钻的脚手架,确定施工的边线,明确钻机的行走路线,测量标高计算出尚需开挖的深度,如图 2.16 所示。

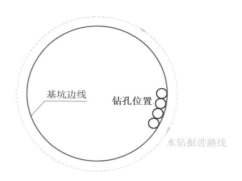

图 2.16 水钻钻孔路线图

首先搭设脚手架,所有的脚手架均应搭设扫地杆,在水钻所能到达的部位必须搭设水平杆以便水钻的支撑导轨能够靠钢管架固定,必要时加设剪刀撑保证架体的稳定,钢管架搭设好后采用地锚绳索或采用大石块将钢管架压住,以免钻机不能顶紧,如图 2.17 所示。

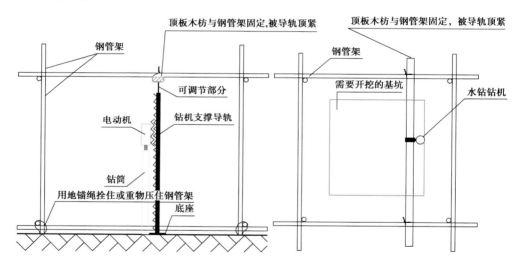

图 2.17 立面图(左)和平面图(右)

施工时,首先将水钻机就位,导轨的底座位置应基本平整,使用可调节的部分将导轨顶紧卡死,然后再次复核钻筒的位置,检查电源及水源是否畅通,符合要求后即可开始施工。接通电源,缓慢操作电动机及钻筒整体下移直至到达设计标高。到达设计标高后,提起电动机及钻筒将钻筒取出移至下一部位重复施工,每次开挖深度为 500 ~ 800 mm,大岩石先行破碎后再吊装出孔,采用电动卷扬机运输。岩芯的提取如图 2.18 所示。

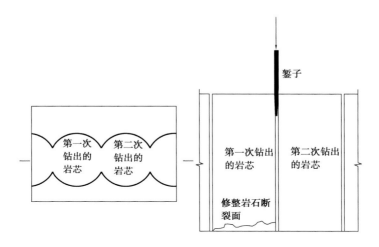

图 2.18　岩芯破碎提取图

水钻钻完后采用锤子把楔形錾子沿钻缝打入,将钻好的岩芯挤压致断裂后取出。基底不平整处人工剪底修平。基底修平后立即封底,避免岩石裸露时间太长。

水钻施工实例图,如图 2.19 所示。

图 2.19　水钻钻机钻岩取石实例

支护桩施工过程中,利用桩顶的吊装设备作为支护桩开挖过程中的垂直运输工具,如图 2.20 所示。施工实例图如图 2.21 所示。

2.2.6　土方爆破工程

来福士项目爆破工程量较大,为了保证工程的顺利进行,确保施工现场的安全距离,根据《土石方与爆破工程施工及验收规范》及《爆破安全规程》,结合本工程的具体特点,对爆破作业进行组织设计,以保障其安全性和可靠性。

(1)施工准备

①在组织爆破工程施工前,根据业主提供的地形图和平面控制桩、水准点,作定位放线,并报公安机关,取得爆破作业许可证后方可作业。

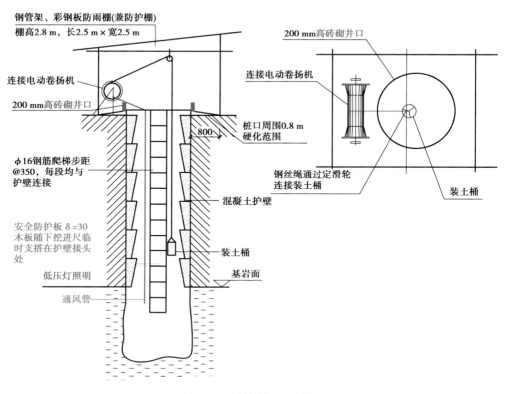

图 2.20　支护桩施工示意图

图 2.21　人工挖孔支护桩施工

　　②爆破工程施工需指定专门爆破工程师负责,爆破工作人员必须受过爆破技术训练,熟悉爆破器材性能和安全规则,并持证上岗。

　　③爆破材料需符合国家、部颁标准,其购买、运输、保管需遵守国家关于爆炸物品的管理条例。

　　(2)起爆方法

　　①本项目石方采用微差爆破法进行起爆,微差爆破采取孔内延时、排间微差,按预定起爆顺序起爆,起爆网路采用非电导爆系统,环形闭合网络,装药结构为耦合装药,

该爆破方法具有降低爆破地震效应、降低大块率、提高填筑用石碴质量的特点。

②炮孔布置方式。为使爆破能量均匀分布,爆碴粒径应满足回填要求,采用三角形(即梅花形)布孔。

③起爆方式。深孔台阶爆破采用耦合装药,正常情况下,起爆药包选用乳化炸药,其余为铵油炸药,遇到炮孔内积水和雨季,炮孔用乳化炸药。起爆药包放置在炮孔底部和上部,底部起爆药包采用反向起爆,上部起爆药包采用正向起爆。

④安全距离。本项目主要为深孔台阶爆破,局部大块解剖采用浅孔爆破,依据《爆破安全规程》规定:浅眼爆破安全距离为 300 m。从而确定本爆破工程安全距离为300 m。

(3)施工工艺流程

本项目土石方爆破工程施工工艺流程如图 2.22 所示。

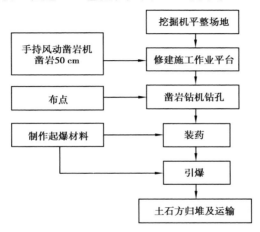

图 2.22 土石方爆破工程施工工艺流程

(4)爆破方法的选择

结合项目的地形特点,为了提高爆破效果,本工程采用中深孔台阶爆破与控制爆破相结合的方法进行爆破施工。为了对孤石或大块石进行二次破碎,根据需要,个别地方可以进行二次爆破作业,以确保爆碴粒径满足运输要求。

(5)钻孔采用梅花形布孔

①钻孔前对施工边线进行测量放线。

②必须熟悉岩石性质,摸清不同岩石层的凿岩规律;凿岩的操作要领:孔口要完整,孔壁要光滑,保证排碴顺利;凿岩的基本操作方法:软岩慢打,硬岩快打。

③掌握操作要领,合理使用机具,熟悉和了解设备的性能、构造原理。提高钻孔技术水平,保证钻孔准确性。

④应将孔口周围 0.5 m 范围内的碎石、杂物清除干净,孔口岩壁不稳者,应进行维护。

⑤验收标准:孔深±0.2 m,间距±0.15 m,方位角和倾角±1°30′;发现不合格时应

21

酌情采取补孔、补钻、清孔、填塞孔等处理措施。

（6）装药和堵塞方法

①装药前将炮孔内的石粉、泥浆排除干净，并将炮孔口周围打扫干净，为了防止炸药受潮，可在炮孔底部放上塑料薄膜或油纸，采用散装炸药时，装药可用勺子或漏斗分几次装入，每装一次用木棍或竹棍轻轻压紧。采用药卷时，将药卷一个一个地送入炮孔，并轻轻压紧，起爆药卷在炮孔内的位置应准确。

②装药后，需对炮孔进行堵塞，堵塞物可用 1 份黏土、2 份粗砂以及含水量适当的松散土料混合而成。堵塞长度，大于一个最少抵抗线，一般取孔深的三分之一，如图 2.23 所示。

图 2.23　炮眼施工

（7）起爆网络

结合现场实际情况，必要时采取单孔起爆，如多孔起爆应采用串联电爆网路，每次起爆，炮孔最多限于 6 孔内，每次起爆炸药量限制在 0.15 ~ 3.6 kg。

（8）爆破施工

本工程由于特殊的地理条件，需要采用爆破方式进行土方挖掘施工，在爆破工程中，需特别重视施工安全，认真贯彻执行爆破安全方面的有关规定。

2.3　土石方工程重点工作访谈纪实

有关重庆来福士项目土石方工程施工中的相关问题，采访了中国建筑西南勘察设计研究院总经理助理沈泽（图 2.24）。

图 2.24 沈泽

沈泽,成都理工大学本科毕业,教授级高级工程师。现任中国建筑西南勘察设计研究院有限公司总经理助理。曾先后荣获 2006 年"四川省国资委优秀共产党员"称号,中建总公司 2007 年度"中国建筑劳动模范"称号,2009—2010"四川省建筑业企业优秀项目经理"称号,2013 年"四川省杰出青年勘察设计师"称号。

2.3.1 土石方工程访谈问题一

问:您觉得来福士项目土石方工程有什么特点?

答:①基坑开挖深度深,场地起伏大。本项目场地地势总体趋势南边及中间高,北侧及东、西两侧低,地势起伏较大造成了基坑边坡深度变化较大,最大高差 51 m,属深基坑。加之项目场地占地面积超 9 万 m²,土石方约 104 万 m³。开挖深度大,土石方量大是本工程的第一大特点和难点。施工时应重点考虑土石方挖运路线、倒场的选择,以免因土石方挖运影响工程工期。

②社会影响大。本工程所处地理位置极为险要,基坑支护一旦失败,将造成巨大的直接损失和不可估量的间接损失。即使基坑支护是成功的,如果基坑变形较大,或者引起地面下沉,也将造成非常恶劣的社会影响,从而给业主和施工单位造成极大的负面影响。

③环境保护要求较高。场地地理位置十分特殊,位于重庆市渝中区繁华地带,工地紧邻朝天门广场,工程施工必然受到社会各界的关注和监督,因此,施工方案必须重点考虑环境保护问题。噪声、扬尘、泥浆、沿路抛撒建筑废渣等污染问题,必须通过加强管理和采取强有力的措施予以解决。

2.3.2 土石方工程访谈问题二

问:您觉得来福士项目土石方工程的重点在哪些地方?针对这些重点采取什么施工方法?

答:①地下建、构筑物的保护。场地南侧新华路段有地铁 1 号线从此穿过,在挡墙施工前需核实其影响,做好洞口预留。此外,场地周围地下管网密布,对已进入场地的管网,必须考虑移出或采取措施进行保护;对场地外临近的管线,锚索施工必须考虑避让。

②公共关系协调难度大。本项目所处的特殊地理位置也给公共关系协调带来了超高难度。如何协调民扰及扰民问题是本工程顺利进行的关键。

③人工挖孔桩的安全。本项目采用的挡土桩为人工挖孔桩,部分支护桩人工开挖深度大,施工时应重点考虑安全防护措施和应急预案。

2.3.3 土石方工程访谈问题三

问:您认为来福士项目土石方工程在实施过程中的难点有哪些?您分别采取什么样的解决办法?

答:①临江防洪。本项目处于长江与嘉陵江交汇口,项目的开挖底标高为180.85 m,汛期防洪是难点,也是工程能否顺利推进的关键点。对洪水采取"小洪堵,大洪防"的方针,对越过开挖标高高度1 m以内的洪水,采用防洪沙袋对洪水进行拦挡,同时采用水泵排水,保持基坑不积水。对洪水位超过基坑开挖深度1 m以上的洪水,采用"防"的方针,洪水到来前,将坑内材料、机械转移,做好基坑的安全稳定防护,洪水过后及时排除残余积水及淤泥,及时恢复施工。

②土方挖运。本项目土石方总量约104万 m^3,其中石方约50万 m^3,但本项目土石方工期仅为365天,平均每天土石方挖运量超过3 000 m^3,土石方挖运交通组织及石方破碎是难点。

③地处城市要道朝天门,可以选择运输的道路有限,土方挖运的交通组织是难点,也是制约挖运进度的关键点。

④根据重庆市的有关规定,土方挖运须在夜间进行,且需要相关部门批准,取得夜间挖运许可。一般情况下,每个月允许挖运天数不超过20天,这势必给土石方挖运进度造成很大困难。

⑤本工程基坑开挖深度较大,锚索道数较多,势必会有交叉作业,给土石方挖运造成一定影响。

以上施工难点的应对措施包括以下4个方面:

①首先,配置足够的挖掘机和装载机;其次,石方采用爆破方式,减少挖运时间;最后,采用小型挖机,白天将土石方掏出,夜间挖运时采用大型挖机装运,减少装车时间。

②多方协调与城管、交警及街道办的关系,同时通过交流、慰问等形式妥善处理与周边居民的关系,保证土石方正常挖运,尽量延长土石方夜间开挖时间。

③根据甲方要求的先后移交时间分别布设马道,选择不同的出入口,以便于场内土石方车辆的顺利进出为原则。

④选择合理的中部土层与周边土层分层开挖形式,既保证支护锚索的顺利施工,也保证土石方挖运。

2.3.4 土石方工程访谈问题四

问:据我们了解,为保证工程的顺利进行,在土石方施工时采用爆破方式,具体怎样实施?

答:来福士项目地处重庆市繁华闹市区,周边行人、车辆较多,环境复杂;爆区东面是长江大堤,上有滨江公路,近处离爆区边缘约6 m;南面离爆区边缘约5 m有框架结构高层写字楼一栋。爆区北面约20 m是朝天门广场,人流密集,商业繁华。西南侧约7 m是交通银行办公大楼。爆区地处繁华商业区,是复杂环境下的爆破工程,施工难度大,安全要求高。爆区原为商业大厦现已拆除,地表建筑和地下各种管网都已拆除,地表还有部分建筑垃圾尚未运走,地下是否还有残留管网情况不明。

解决办法:根据项目特点,采取浅孔、中深孔控制爆破方案和机械、人工相结合的爆挖方法,并采取以下措施:

①在距离爆区较近的建筑物爆破施工前,用机械在适当的位置挖一条超出梯段的爆破台阶,底部深度为1 m以上的减震沟,使之爆破震动危害减少40% ~ 60%。

②为了防止爆石产生较远飞石,在离建筑物较近的爆区内实施爆破时对建筑物用围栏保护。对爆破炮孔实施加强覆盖防护,在实施爆破作业顺序时应选择离建筑物最远、环境最安全的部位开始爆破施工,在离建筑物安全距离小于20 m时采取浅孔小药量爆破方法进行爆破,小于10 m的更近距离采用机械破碎法凿岩,要做到安全万无一失。

③地震波、个别飞石应控制在破坏影响范围内,控制安全震动速度 $v \leqslant 1.5$ cm/s,禁止采用裸露爆破,且全过程不能产生飞石,以保护场内施工人员和工程机械的安全。

④爆破全过程为松动爆破,爆破粒径满足挖运机械及回填技术要求。

⑤爆破时控制好地基不被破坏,防止出现超挖久挖现象;石方爆破工作自上而下分台阶逐层进行。

2.3.5 土石方工程访谈问题五

问:本项目基坑支护包括悬臂桩和锚拉桩,且多为人工挖孔桩、桩截面尺寸多样,请问您在实施过程中是怎样组织施工的?

答:我们在工程开工前对进场工人进行统一的安全教育和技术交底,正式上岗施工前进行考试验收,特殊工种要求必须持证上岗,同时在施工过程中根据桩孔正式施工图,按场区的土质特点、地下水情况等做好技术交底。为了控制好基桩轴线和高程的控制点,我们项目施工团队将控制点设在不受施工影响的地方,并在复核后妥善保护。在工程过程中,为了保证施工安全及预防塌孔,我们要求工人在桩净距小于2.5 m的情况下,采用跳孔开挖的施工方法,以预防因孔位距离过近、施工相互扰动而引发的塌孔现象。

针对施工前"成孔"计划,项目技术团队主要考虑以下5个方面:

一是施工前对作业面进行四方验收,合格后填写相应的技术资料,四方签认结束后归档备案;二是在操作前对吊具进行安全可靠的检查和试验,切实保障施工安全;三是开挖前依据现场实际情况及施工图纸确认施工线路,并严格按确定的施工方案进行施工;四是保证现场工长及施工人员充分了解施工图纸、地勘资料及场地的地下土质、水文地质资料,方便施工过程中的核查;五是同时按基础平面图,设置桩位轴线、定位点,并在桩孔四周撒灰线,测定高程水准点,在放线工序完成后及时办理预检手续。

在工程中,有一种情况是我们特别关注的,就是当桩孔到达设计深度持力层时马上会同建设单位、地勘单位、设计单位、监理单位进行勘验,认定持力层符合设计要求后再进行下一道工序。这样,当遇到地质情况复杂需探明孔底地质情况时,我们可以结合勘察单位、设计单位、监理单位提出具体处理措施,有针对性地解决问题。

2.3.6　土石方工程访谈问题六

问:推进绿色建筑是实现建筑业可持续发展的基础,请问您在施工过程中有采取什么措施吗?

答:有的。我们在原有工程管理组织架构的基础上设置了LEED认证施工管理小组进行绿色施工的组织管理工作,并在项目施工过程中指派了两位质量保证员来协调、处理和监督与LEED相关的施工事项,要求各专业施工班组的LEED实施小组都安排专人作为LEED实施质量保证人,每月定期向业主或其全权代表汇报工作进展和质量情况。

针对保护环境,我们一方面要做好节水、节能、节材和集中用地管理,另一方面还要尽可能地保证施工"四防":防基坑坑顶四周水土流失、防雨水排放或冲击造成沉积、防扬尘、防施工造成的道路污染。由此可从源头上减少环境污染,保障周围社区的环境卫生,推动绿色建造。

2.3.7　土石方工程访谈问题七

问:贵司在信息化施工管理方面做了哪些部署?

答:基坑支护设计、施工是"信息化施工、动态设计"的全过程。在施工过程中获取的与本支护工程相关的全部信息,及时反馈给设计人员和其他相关责任人,设计人员和相关单位通过对信息的分析研究,及时对设计进行相应的修改和调整,真正做到设计安全、经济合理。

所谓信息化施工,就是在施工过程中,将相关的信息及时记录、整理、汇总、反馈给相关责任方。这些信息包括施工过程中揭露的实际工程地质、水文地质情况、地下管网情况(包括位置、埋深、有无渗漏等)、施工降水效果、监测得到的变形资料、结构应力资料、地下埋藏物资料等。信息化施工需建立一整套完整的机制,使施工信息通过收集、汇总、反馈得以高效运行。此外,施工过程中应注意收集气象资料,根据气象资料做好应对措施,避免恶劣天气对基坑造成不良影响。

　　所谓动态设计,就是在施工反馈信息的基础上,分析现有设计的安全性、合理性,并及时对设计进行相应的修改和调整。可能引起设计修改的因素包括工程地质条件、水文地质条件与设计不完全相符;基坑周边有未探明的重要地下建筑物、构筑物需要保护,对变形控制更加严格。

2.4　土石方工程重要节点

　　①2013 年——围护桩土方施工;

　　②2013 年 7 月 14 日——土石方开挖进场;

　　③2013 年 7 月 25 日——土方单位开始正式土方开挖施工;

　　④2013 年 9 月 15 日——开始土方外运;

　　⑤2013 年 9 月 30 日——锚杆锚索、钻孔施工、开始边坡支护(图 2.25);

图 2.25　人工挖孔支护桩施工

　　⑥2013 年 11 月——土钉施工、挖孔桩施工及孔内基岩破碎;

　　⑦2013 年 12 月——孔内水钻施工、挖孔桩施工、钢筋笼施工;

　　⑧2014 年 1 月——土方施工、挖孔桩施工、水钻及障碍物清理、支护桩施工;

　　⑨2014 年 2 月——障碍物清除、支护桩施工、长滨路及朝东路支护桩施工;

　　⑩2014 年 4 月——支护桩施工、冠梁施工、爆破施工、装间板施工;

　　⑪2014 年 12 月——支护桩、冠梁基本完成,土方清理;

⑫2015 年 4 月——土方施工现场移交总包管理；
⑬2015 年 6 月——基坑土方开挖施工（图 2.26）；

图 2.26　基坑土方施工

⑭2015 年 12 月——嘉陵江边土方开挖；
⑮2016 年 3 月——除古城墙区域土方外，其他区域土方开挖基本完成；
⑯2017 年 3 月——古城墙区域土方开挖；
⑰2017 年 12 月——场地内土方开挖工作全部完成。

第 3 章
结构工程施工及管理

3.1 项目主体结构概述

重庆来福士项目由 8 栋高层建筑——2 栋约 350 m 的综合商住楼、6 栋约 250 m 的公寓(其中,4 栋通过一座空中花园彼此相连)及 1 栋 5 层的大型商业裙楼组成。

重庆来福士以时代之帆作为设计基点,其"风帆"造型矗立于渝中半岛这艘时代大船的船头,塔楼先整体朝北倾斜,倾斜角 14°,再整体向南倾斜,倾斜角达 -10°,角度变化了 24°。每座塔楼弧度不同,每 3 ~ 5 层楼就需更换一个角度,如图 3.1 所示。8 栋塔楼"腰身"弧线的挑战巨大,为了保证户型外立面的线条优美流畅,塔楼在型钢混凝土柱的施工过程中,先后克服截面尺寸大、模板加固困难、角度倾斜多变等难点,采用 3 层一折、9 层一收的形式,勾勒出塔楼"风帆"造型的立面效果,横跨 4 栋 250 m 高的塔楼顶部的观景天桥,是国内首座"横向摩天大楼",也是整个"风帆"造型的点睛之笔。

图 3.1 来福士塔楼弧形造型

塔楼具体尺寸指标见表 3.1。

表 3.1 塔楼尺寸指标

塔楼	结构高度 H(1) /m	塔楼底部平面尺寸 $B{\times}L$(2) /(m×m)	平面长宽比 $\dfrac{L}{B}$	立面高宽比 $\dfrac{H}{B}$
T1	237.5	28.45×56.18	1.97	8.35
T2	238	30.05×58.63	1.95	7.92
T3N	355	38.00×38	1.00	9.35
T4S	237.7	31.80×57.20	1.80	7.47

续表

塔楼	结构高度 $H(1)$ /m	塔楼底部平面尺寸 $B×L(2)$ /(m×m)	平面长宽比 $\dfrac{L}{B}$	立面高宽比 $\dfrac{H}{B}$
T4N	355	38.00×38	1.00	9.35
T3S	237.7	31.80×56.43	1.77	7.47
T5	238	30.05×58.63	1.95	7.92
T6	237.5	28.45×56.18	1.97	8.35

注:此处指地下室底板至塔楼屋顶的结构高度。

由于塔楼平面尺寸变化,此处参照 L1 层结构平面尺寸,连桥长 300 m,宽 30 m,建于 T2,T4S,T3S 和 T5 屋顶上,离地面约 250 m,总面积约 9 000 m²。连桥上设有泳池、观景台、宴会厅、餐厅。酒店大堂位于 T4S 附近,T4S 和 T3N 之间有一座 18 m 宽的连桥与酒店房间区域连接,如图 3.2 所示。在 T3S 和 T4N 之间还有一座小型连桥提供逃生和设备连接,如图 3.3 所示。

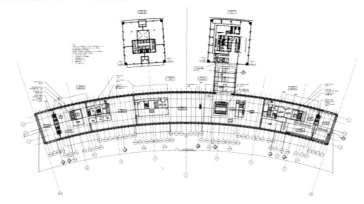

图 3.2　连桥平面示意图

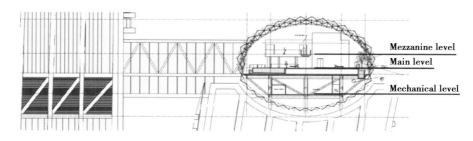

图 3.3　小连桥立面示意图

核心筒从承台面向上延伸至塔楼顶层,贯穿建筑物全高,容纳了主要的垂直交通和机电设备管道,并承担竖向及水平荷载。核心筒平面基本呈方形,位置居中,质心和刚心基本一致。其中 T3N 底部尺寸约 24 m×23 m;T4N 底部尺寸约 20 m×20 m。

T3N 核心筒周边主要墙体厚度由 1 400 mm 从下至上均匀收进至顶部 300 mm,筒内主要墙体厚度则由 400 mm 逐渐内收至 300 mm。另外,在加强层处墙厚均不小于 700 mm。核心筒典型连梁高度为 1 000 mm,洞口竖向布置规则、连续。

T4N 核心筒周边主要墙体厚度由 1 200 mm 从下至上均匀收进至顶部 300 mm,筒内主要墙体厚度则由 500 mm 逐渐内收至 300 mm。另外,在加强层处墙厚均不小于 700 mm。办公楼典型连梁高度为 700 mm,酒店典型连梁高度为 800 mm,洞口竖向布置规则、连续。

核心筒混凝土材料塔楼 1—4 区采用 C60 高强混凝土,5 区采用 C50 混凝土,在保证一定延性的前提下,提高了构件抗压、抗剪承载力,并有效降低结构自重及质量。

北塔楼均嵌固于地下室底板,出于安全考虑,从地下室顶板(S6 层)起算底部加强区高度,根据高层结构设计规范 7.1.4 条可取墙体总高度的 1/10,约为 35 m,加上地下室三层,底部加强区总高度约 50 m。

筒体配筋构造:根据塔楼特点,将核心筒角部墙体约束边缘构件沿全高设置,长度取墙体长度的 1/4,并在钢筋混凝土剪力墙重点部位(底部加强区及其上一层的核心筒角部和纵横墙相交处、加强层及其上下各一层)埋设实腹式型钢暗柱,在确保满足抗震性能目标下,大幅度提高结构构件的承载力和延性。

3.2 基础施工概述

本项目所处位置地质条件复杂多变,人工填土、砂卵石、流沙和淤泥杂陈。其基础设计类型如图 3.4 所示。

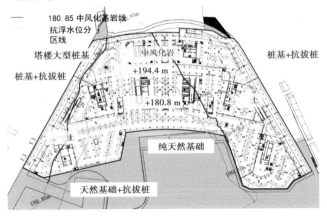

图 3.4 重庆来福士基础设计类型

3.2.1 大直径扩底的人工挖孔桩

来福士项目一共约 3 500 根桩,桩基主要采用人工桩基,如图 3.5 所示。总包单位于 2015 年进场,开始人工桩开挖工作。其中塔楼设计桩径 3.1 ～ 5.8 m,全部为人工开挖,如图 3.6 所示。

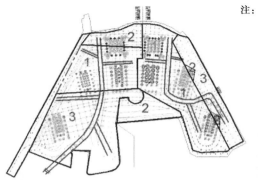

注：根据场地移交情况，按"先移交的部位先施工、塔楼部位的桩先施工、具备条件的桩一起施工"的总体原则进行组织。除止水帷幕外临江区域及人工不能进行施工的部位采用旋挖桩外，其余桩均采用人工挖孔桩。

图 3.5 桩基工程施工方案 1

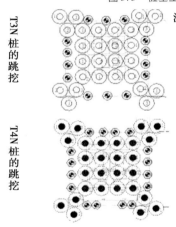

T3N桩的跳挖

T4N桩的跳挖

注：塔楼桩基采用跳挖法，T3N，T4N塔楼巨柱下的3根桩及部分塔楼核心筒部位的密集桩，分3次跳挖，其余桩分两次跳挖；塔楼以外的桩相隔较远，按分区分块原则，成片开挖。

旋挖桩采用水下导管法浇筑混凝土，人工挖孔桩采用将桩孔内的水抽排并清孔后，采用串筒浇筑混凝土，串筒随混凝土填充逐节拆除；连续分层浇灌振捣，每层高度不超过1 m。桩孔内地下水较多无法抽排时，采取导管法水下浇筑。

桩基施工时，按设计及规范要求进行大小应变及静载试验，确保成桩质量。

图 3.6 桩基工程施工方案 2

桩端在基岩段采用扩大头的形式，桩身直径 2.0~6.0 m，扩大头直径 3.0~11.0 m。桩端扩大头嵌入中风化基岩不小于一倍桩身直径。典型的平面布置如图 3.7 所示，桩基设计将随上部结构设计进程进一步优化。

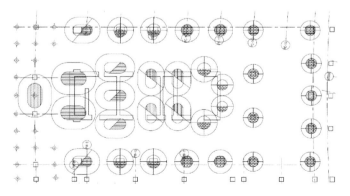

图 3.7 人工挖孔桩典型平面布置图

因为紧邻江边,桩基成孔完成后,每小时向桩内灌注的基岩裂隙水可达 60 m^3,桩基混凝土无法正常浇筑,对此,项目施工团队又着手进行技术攻关,通过理论分析及模拟浇筑实践来验证方案可行性,最终采用重庆市首例"连续降水帷幕+坑内深井疏干降水"施工工艺如图 3.8 所示,消除基岩标高以上地下水对桩基开挖的影响,成功地破解了超大直径承压桩混凝土灌注这一世界难题。

图 3.8　人工桩施工

3.2.2　部分采用机械成孔桩

塔楼之外的抗拔桩为 1.8 m 桩径,由于桩径小及地质条件差,人工作业过程中施工极其困难,且存在很多不安全因素。重庆雨水多容易倒灌,工人经常带水作业,由于桩径小,护壁桩施工困难,致使抗拔桩整体施工进度滞后。为了消除以上不利因素,经多方研究,决定将人工挖孔桩全部改为机械桩。机械桩桩径为 2.2 m,桩与桩之间的中心间距为 3 倍桩径,按嵌岩桩设计,嵌岩深度根据单桩承载力确定。典型的平面布置如图 3.9 所示。

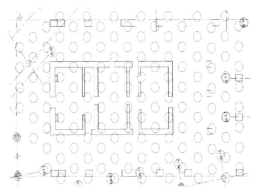

图 3.9　机械成孔桩典型平面布置图

目前场地地下水的抗浮设计水位为三峡成库 100 年一遇洪水位,中南部基岩区的抗浮水位按三峡现状条件下常年洪水位进行地下室的抗浮设计。裙楼部分建筑物自重较轻,存在地下室的抗浮设计问题,基底位于土层区域的,建议采用抗拔桩;基底位于基岩区的,可选方案有抗拔桩和抗拔锚杆,经比选后建议采用抗拔桩,桩身直径为 1 m。典型的平面布置如图 3.10—图 3.12 所示。

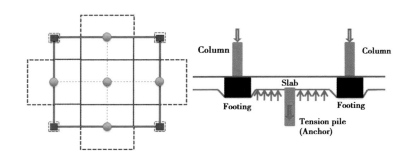

图 3.10　裙楼柱下浅基础与柱间抗拔桩典型平面布置和剖面图

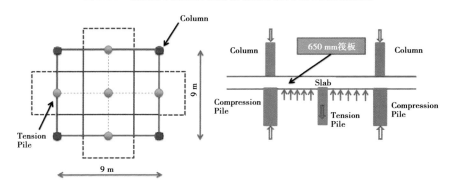

图 3.11　裙楼柱下桩基础与柱间抗拔桩典型平面布置和剖面图

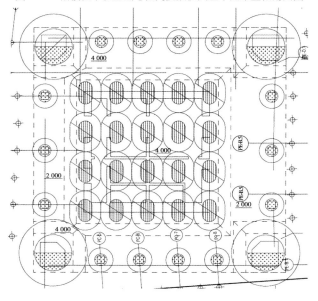

图 3.12　塔楼 T4N 桩承台布置图

　　裙楼抗压桩与抗拔桩也以人工挖孔桩为首选(图 3.13),如果止水帷幕与井点降水未能有效降水,才采用机械成孔桩。

图 3.13 人工挖孔桩施工现场

3.2.3 裙楼承台和筏板基础

本项目南、北两侧部分楼层位于地下,但东、西两侧外墙直接面向长江、嘉陵江,故所谓的"地下室"与通常意义的地下室有所不同。本项目最下面的 4 层楼,按整体结构设计,不设分缝,形成一个巨大的箱形基础,为上部结构的抗风、抗震提供巨大的抵抗弯矩与抗滑力。底层底板整体浇筑,底板因应上部结构荷载与下部基础的类型,厚度将有所变化:塔楼一、二、五、六的底板厚 2~3 m;塔楼三、四的底板厚 2~4 m;裙楼底板厚 0.5~0.65 m。裙楼筏板施工,如图 3.14 所示。

图 3.14 筏板基础施工

3.3 结构工程重点工作访谈纪实

针对来福士项目结构施工过程中的相关问题,采访了中建八局项目总工程师申雨(图 3.15)。

图 3.15 申雨

申雨,男,高级工程师、国家一级注册建造师,时任中建八局重庆来福士广场 B 标段项目总工程师,现任中建八局(西南)四川分公司总工程师,先后参与了成都银泰中心(综合体超高层、全国绿色施工的旗帜项目)、重庆来福士广场(目前重庆已建成的第一高楼)等颇具影响力的重大项目,获得国家专利 41 项,在核心刊物发表论文 25 篇。获四川省政府科技进步奖 2 项、省部级工法 27 项,省部级、局级科技奖 8 项等科技成果。

3.3.1 结构工程访谈问题一

问:在来福士项目结构施工(土建工程、混凝土工程)过程中的难点有哪些? 您是怎样解决的?

答:来福士项目土建工程(地基处理、桩基础施工)施工中的难点及解决方案包括以下 4 个方面:

(1)项目的地理条件复杂,嵌固部位特殊

来福士项目的地理位置比较特殊,在长江和嘉陵江交汇处,地质条件复杂,建筑的嵌固部位比较特殊。在平原地区修建一栋楼,不管是挖一个坑还是做一个地下室,都有一个嵌固部位,嵌固部位一般是将整个地下室埋在土以下,嵌入土中才不会倾斜,比较稳固。来福士项目比较特殊,整个地下室的外墙裸露在土体之外,相当于整个建筑物放在土体上,只是通过下面的一些桩基,把其打入地下固定,所以嵌固部位是嵌入到筏板这个位置,和传统的建筑物不一样(图 3.16)。从嵌固面来说,对地基处理的要求比较多。

图 3.16　已完成的工程桩

解决方案:

设计师采取了一些方案应对这样的地基,比如打桩。从设计角度出发,整个地势的走向具有向江里滑坡的风险,要想稳固这种地质条件比较差的部位,需要通过工程桩,如抗压、抗拔桩;为了防止往江里滑移,还需要抗滑桩。

(2)超大直径人工挖孔桩施工

来福士项目桩基设计方案优先采用人工挖孔桩,桩长 8~25 m。圆形桩最大桩径 5.8 m,最大扩径 9.4 m,如图 3.17 所示;椭圆形桩最大桩径 3.4 m、平直段 3 m。同时,部分桩基位于杂填土区域,施工受两江洪水位影响较大,施工过程中有水不断从岩石裂隙渗出,如图 3.18 所示。

图 3.17　人工挖孔桩(护壁桩底部扩大直径 9.4 m)

图 3.18　超大桩径(无护壁桩中间岩石裂隙有水渗出)

解决方案:

①为更利于成孔作业,对位于水位线以上且处于杂填土区域的桩,完成止水帷幕后再进行施工。

②桩距较密,分 3~4 次间隔跳挖。大尺寸桩采取多人分段同步开挖,进入岩层后采用水钻配合掘进,椭圆形桩的直线段采用大型切割机切割,以加快进度。渣土采用卷扬机吊运出孔后,由塔吊配合自卸汽车进行水平倒运。

③3 m 以上的圆桩及椭圆形桩,采取"孔内搭设操作架、钢筋笼原位绑扎"方案。

④混凝土采用串筒浇筑,串筒随浇筑完成,逐节拆除,完成浇筑 12 h 后蓄水养护。

(3)T3N 核心筒墙体施工

①核心筒平面有外圈缩失、墙厚减小等多次变化,外墙厚度由 1 400 mm 减小到 300 mm;单次最大变化幅度为 200 mm。

②层高 3.8~9.25 m,共 8 种。

③4 个避难层位置多出组合伸臂和环梁,施工难度大。

④模架体系既要适应结构的不断变化,还要便利钢结构、钢筋、模板、混凝土的立体交叉作业。

解决方案:

塔楼核心筒采用集成式液压爬模施工。爬模系统由模板系统、承重系统、爬升系统、模板开合牵引系统和智能控制系统组成,通过上、下附墙支座与墙体的交替连接,配合电动倒链的往复运转实现导轨与架体逐层互爬。操作平台均采用定型化的全钢集成架,以消除超高层施工中的消防隐患。爬模底部通过下挂架体与滞后施工的筒内水平楼板连接,作为人员紧急疏散通道。

以 T3N 塔楼为例,利用爬模的自带模板对 B3 层墙体进行支模,并预埋爬模埋件,在 B3 层墙体结构施工完成后开始安装。施工过程中根据核心筒平面变化,在 44 层、59 层墙体施工完毕后对爬模系统进行局部改装;避难层施工时,对核心筒加厚环梁及筒外伸臂桁架墙体安排后施工,以解决爬模的顺利穿越。

(4)巨型截面外框柱与外爬架施工

T3N 塔楼各有 4 根巨型截面外框柱,北侧巨柱单向逐层倾斜+5°~-8°,最大截面4.2 m×4.2 m。全部为劲性柱。

解决方案:

59 层以下巨柱模板采用外爬内支方案,外侧爬模及内侧散支模均采用夹具式钢框木塑板模板体系,以方便模板连接。由于巨柱单向倾斜,垂直面模板呈平行四边形,通过采用标段与非标段搭配配模,解决巨柱倾斜变化带来的支模难题,如图 3.19所示。

图 3.19　塔楼 4 个角部巨型柱施工实景图

劲性柱与组合楼板混凝土同步施工,为确保其他外框柱及组合楼板施工安全,塔楼外侧布置能覆盖 4~5 个楼层的集成式电动爬架,与巨柱爬模一起,围合成封闭的安全操作防护空间。爬架通过在楼板上设置悬挑钢梁与结构附着拉结,如图 3.20 所示。

图 3.20　超大异形截面巨型型钢混凝土钢骨柱

3.3.2　结构工程访谈问题二

问:在来福士项目结构施工(土建工程、混凝土工程)过程中遇到的最大挑战是什么? 又是如何突破的?

答:来福士项目结构施工过程中遇到的挑战包括以下 3 个方面:

①筏板的施工。

筏板的设计方是国际知名结构公司,从专业角度为业主在设计方面节约了很多成本,一般都会把筏板做成实心筏板,但来福士却做成空心筏板。空心筏板类似水盆,将水盆压在土体中,中间是空的,如图 3.21 所示,上面再盖一层盖板,中空部分就是节约的成本,但这是安全的,设计团队考虑了桩基以及筏板的厚度,足以支撑地上的结构,所以没必要一定做成实心的。塔楼部分的筏板厚一些,裙楼部分的筏板薄一些,薄和厚之间的过渡一般采用 135°的放坡,但设计方考虑采用 90°的放坡,可节约重叠部分的钢筋和混凝土。施工团队在实际施工过程中,结合现有的资料,对如何实现 90°放坡,进行了深度思考,最后基于重庆良好的地质条件,采用支护方式,对边坡区域采用了锚杆、支护等措施,最后圆满地解决了这个问题。

图 3.21　"水盆式"筏板实景图

②脚手架的设计。来福士塔楼设计是倾斜的,对外防护操作架、操作平台有不同的要求。一开始考虑采用电动爬升脚手架,但使用电动爬升脚手架存在斜爬问题。还有施工平台,平台一开始是平的,但是随着架体倾斜,人站的部位始终是倾斜的。最后,经专家讨论,决定采用电动提升脚手架。电动提升脚手架更工业化,可以解决内凹外突问题、倾斜爬升问题、人员在平台上倾斜问题、人员防护问题。为确保爬架顺利爬升,通过调整悬挑钢梁的悬挑长度来修正爬升轨迹,将所有塔楼弧形立面的爬升轨迹修正为由 3 段直线组成的折线。当爬架倾斜角度超过 5°时,通过调整跳板与立杆连接的螺栓孔,将跳板角度调至水平,以方便施工。在架体方面则联合厂家一起攻关,为项目倾斜部位单独设计了一些斜爬、平台防护措施,如图 3.22 所示。

图 3.22　倾斜爬升集成脚手架

③模板的使用。在模板方面采用了爬升模板,工艺上并不复杂,但是考虑到整个项目的特殊性以及安装插入的节点,我们对架体进行了部分改造,使它更适合墙体的截面,以及它的变截面。根据我们的认知,一般的截面从下到上是越来越薄,但这个项目在个别楼层出现了下面薄,到某个楼层突然变厚的情况。我们要提前对这些情况进行核实,确保设计的模板体系能够适应结构的变化。有些墙体会变薄,有些会消失、缩减,还要考虑机械设备和墙体之间的干涉,包括当墙体过薄时采用结构的一些补强来满足整个架体,机械设备附在上面可以实现自己的稳定性。项目部还在计算机仿真方面做了一些模型和计算分析,把施工荷载加载到上面去,以及我们实际的估况,把估况的荷载算进去,再复核结构体系能否满足安全需求。对达不到要求的地方,采用增加钢骨、调整机械设备附着点位等措施,来保证整个结构在施工过程中的安全,不会发生变形或垮塌的事件、风险。从开始投入模板体系到后面越做越顺利,能做到两天半一层,在重庆地区是做得最快的。

在这一过程中我们申报了一些专利、发表了一些论文,在主体施工时为适应整栋楼的曲线造型,在操作架、设备方面做了不少研究,同时对模板体系也有不少考虑。考虑到项目工期,同级别 350 m 高带裙楼的超高层,在 2015 年 5 月开工,2019 年 9 月开业,与同等规模的综合体相比,来福士的进度是比较快的。

3.3.3 结构工程访谈问题三

问:在来福士项目结构施工(土建工程、混凝土工程)过程中是否发生过令您印象深刻的趣事或者具有一定意义的事件呢?

答:在施工过程中,比较有特色的是设计师设计了一个悬挂结构。

柱子作为基础,一般都需落地,由柱子承载梁、板。但塔楼有些部位像吊笼一样,柱子的受力是向上拉,而不是向下,相当于柱子像吊杆一样吊在顶板上,是悬空不落地的。整体造型像解放军战士迈正步向前走,一条腿站立,另一条腿迈步悬空。站立的腿和普通柱子一样,悬空的腿受力要靠腰部向上收拉,最后两根柱子在最上面合而为一。两根柱子的高度相差 10 多层楼,一根柱子有基础,站在土体里,另一根柱子不落地,这两根柱子之间又有很多直线,相当于有很多的楼层板和梁,如图 3.23 所示。

图 3.23 结构 BIM 图

我们可以想象,如果进行施工,就像人抬起一条腿,可以先在脚下垫一个小板凳,将腿放在板凳上,施工到腰部合龙后,把板凳拆掉,此时受力体系发生了变化,悬空的腿被腰部向上拉。但对于来福士项目来说,这样的施工条件是不具备的。具体到 T2 塔楼,需要修建"板凳"这一临时柱子的区域刚好是通向江边抗滑桩施工的一条必经要道,而当时那一区域又涉及古城墙问题,这一区域是考古结束后可以把土体挖走的区域,只是当时考古尚未结束,所谓无巧不成书,所有的不良因素都集中在一起了。

经反复考虑,施工团队最后采用了一种自平衡施工法,做了一个不落地的胎架。我们把每一层的悬挂结构,通过增加钢结构的一些小杆件,将它变成一个桁架结构,相当于每层小桁架可以将悬臂伸展出去,下面不需要有东西承载,就可以实现自身结构的稳定,同时它还可以为上一楼层修筑的荷载提供支撑。这种悬挂结构在杭州来福士、成都来福士等项目都有使用,但做的都是落地的,在重庆来福士是第一次做成不落地的。这种结构在 T1、T2、T5、T6 塔楼都有使用。最后,我还为这一施工方案申请了发明专利,命名《人字形悬挂结构施工方法》,并总结了一套施工工法,撰写了一篇论文。

3.3.4 结构工程访谈问题四

问:开工时(2015年6月开始人工桩施工)施工团队就面临汛期来临的问题,施工团队通过什么方法进行施工部署以及进度安排来确保桩基工程在汛期到来之前完成呢?

答:①与长江港务局及其他相关部门保持联系。例如,当长江港务局在上游准备开闸放水时,会与我们提前进行信息沟通,以便做好相关准备。

②做好相关监测。例如,天气预报的监测、水标尺的监测,如图3.24所示。对不同的监测情况,我们有不同的预案。达到什么样的水位,就要开始撤退,撤退后,要对通道区域怎样止水等预案都有明确规定。我们单独去江边区域做了一个水闸,达到一定的水位就撤退,撤退完后将水闸关上,等洪水退后再把水闸打开。就是这样的迂回作战,可以保证现场一直施工。

③准备沙包、救生衣等防汛物资确保人员安全。中建八局准备了沙包、救生衣及其他防洪抢险物资,确保人员安全,如图3.25所示。幸运的是,我们没有遇上汛期,尽管水位一直在涨,但一直没有涨到关闸水位线。

图3.24 对水位进行测量的标尺

图3.25 施工团队准备的沙包

3.3.5 结构工程访谈问题五

问:来福士项目桩基施工(人工桩,机械桩等不同桩型)在不同环境下是如何组织施工的?

答:因为本项目靠江,有些裙楼桩最早设计的是人工挖孔桩,但考虑到成本造价等原因,通过与业主、政府部门之间的协调,从人文关怀角度,把能改为机械旋挖的都改成机械旋挖。

机械旋挖的缺点是桩径不能做得太大,因为旋挖机的桩径在 2.5 m 以内,直径有限,就设计成 1.8 m 或者 2.2 m。其实人工挖孔桩的直径可以设计成 2.5~3 m,改用旋挖机后,桩径变小导致桩的数量增加,成本增加,但是安全性更好,从人文关怀的角度来看有了更大的保障。

3.3.6　结构工程访谈问题六

问:项目一侧地处滑移软弱破碎层,如图 3.26 所示,有 10 余根抗滑桩处于悬空地势,施工设备无法进入,施工团队最后采用了什么方法解决悬空地势以及设备进入等难题呢?

答:在这种悬空地势进行抗滑桩的施工,是很大的挑战。最早,业主也考虑用人工挖孔桩进行施工,后来经过多次论证,从安全风险、人文角度考虑,决定采用机械设备进行抗滑桩的施工。机械设备施工使得抗滑桩的桩径不能太大,但抗滑桩的直径是没法做小的,因此,桩径最后确定为 3.1 m。

施工团队最终选择了"钢平台+钢护筒"的施工方法,如图 3.27 所示,并采用冲击钻施工,因为冲击钻相对旋挖机来说体型较小,可以通过塔吊调运过去,不需要设备开到施工现场。施工团队还专门为冲击钻定制了钻头、钢平台,为了施工桩又加做了一些临时桩来承托平台。

图 3.26　滑移软弱破碎层

图 3.27　处于悬空地势的抗滑桩

3.3.7　结构工程访谈问题七

问：T3S塔楼基础底板混凝土浇筑的量大，且塔楼有6种底板厚度，4种板顶标高，施工团队是如何解决这种结构类型的筏板一次浇筑施工难题的？

答：从交通来看，混凝土的浇筑异常复杂。朝天门交通拥挤，白天车水马龙，游客众多，晚上有很多商户进行材料的卸货。因此，在浇筑筏板前要与交通部门提前进行沟通，请交通部门协助维持交通秩序。

由于现场不允许搅拌混凝土，所以中建八局提前对大体积混凝土制订专属的浇筑方案，对原材料、水化热等方面进行质量控制。中建八局还做了应急预案，事先找两家搅拌站做替补，确保万一供应不及时还有顶补能力，这些搅拌站要求距工地18～25km，生产和运输能力均能满足混凝土连续浇筑需求。

项目部提前一个月将材料采购回来，是考虑水泥自身比较烫，需提前冷却。在搅拌水泥的过程中，加的水都是加了冰块的，目的是使水冷却，将温度降下来。水泥在加水、拌成混凝土后，在凝固过程中还会释放出大量的热量。因此，在编制专项方案时，应考虑相应的措施。

T3S塔楼基础底板面积约2 900 m²，浇筑方量为9 600 m³，塔楼共有6种底板厚度，4种板顶标高，坑中坑侧壁厚最深达到9.9 m。项目部通过精心策划，积极创新，总结了一套关于此种结构类型筏板一次浇筑施工的工法，并对此次混凝土的浇筑节奏与浇筑顺序进行了反复讨论与推演，最终确定了分层浇筑、一次成型的整体原则，既避免了分两次浇筑需要日后剔凿界面及水平施工缝预埋止水钢板的繁琐工序，又缩短了整体工期。为避免一次浇筑模板可能发生的涨模、爆模风险，项目部通过科学计算，调整了混凝土的初凝时间，优化了模板支撑体系，采用内拉外撑的形式圆满地解决了浇筑中最密切关注的风险点。项目动用了80台混凝土罐车（图3.28），400余名建设者共同参加浇筑。

浇筑过程中，还会采取覆盖保温措施，防止温度下降太快，以保证温差。此外，还要埋设电子测温导线，进行温度监控，如图3.29所示。同时，由于场地面积狭小，要有专门人员进行浇筑泵车的站位点以及运输混凝土的罐车进出路线的协调。每辆车都由专门工作人员负责引导。

我们的值班人员、项目部的主要人员及其他相关人员都编入现场指挥组、后勤保障组等，确保遇到紧急情况时有人协调指挥。对于后勤保障，中建八局给工人准备了夜宵、预防断电的柴油发电机、临时备用的机械设备等，如图3.30所示。

来福士项目采用了中建八局的一些新技术。例如，为了加快速度，我们采用了溜管工艺，用溜槽做管道，材料像滑滑梯一样滑下来，以提高浇筑速度。并考虑好浇筑混凝土的流向和每层浇筑过程中的振捣，保证质量、安全，防止材料下降过程中钢筋网片出现垮塌事故。溜槽管道比较环保、噪声比较小，覆盖量也更广，可以通过三通、阀门实现各种方向的变化。这是中建八局自己的专利技术，在大体积混凝土浇筑过程中，应用比较多。

图 3.28　混凝土罐车

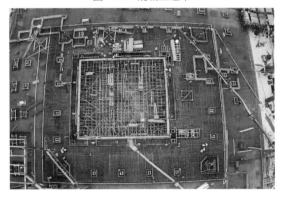

图 3.29　浇筑现场俯视图

图 3.30　夜间施工画面

3.3.8　结构工程访谈问题八

问:项目中有很多大跨度以及超大混凝土结构,例如,B 标段南北总长度约 341 m,属于超长混凝土结构,施工团队是如何对这些结构进行施工的? 又是如何在施工过程中控制混凝土结构因温度变化和徐变产生有害裂缝的?

答:①在设计时考虑采用温度后浇带、沉降后浇带。后浇带本身就是对一些超长构建进行分隔的,例如,沉降后浇带在沉降速率趋于稳定时进行封闭,温度后浇带是 60 天后封闭。

②采用跳仓法划分施工段,合理设置膨胀加强带。在实际施工过程中,一是考虑施工段的划分。把整个筏板切成很多块,每块施工都有时间差,这样能保证每块施工后都有时间间隔,便于自身的收缩和应力的释放。二是加强养护。在工艺方面,对于后浇带,采用了膨胀加长带,相当于在每个施工段接缝处增加2 m宽的膨胀加长带,添加了一些高强度、微膨胀的混凝土。因为两块混凝土之间在施工过程中,会发生收缩,在中间加上相当于膨胀剂的混凝土,就会发生膨胀,抵消旁边的收缩力,进行补偿,减少裂缝。这是我们施工团队对混凝土的养护办法。同时,在施工过程中,要特别注意当混凝土自身强度不到位时,对项目荷载进行控制。

3.3.9 结构工程访谈问题九

问:在土建工程中,地基处理(软弱地基处理、滑坡处理、底下障碍物处理、地下水处理、防洪等施工组织)首先需要保证基本无水的施工条件,请问本项目是如何实现的?

答:当地基上存在软弱夹层、破碎带等地质条件比较复杂的区域时,结合桩基施工,采用了一些支护措施来解决。此外,项目靠江,地下水位较高时采用抽水帷幕、降水帷幕等做法进行超前止水,防止江水倒灌到桩里。同时,施工团队使用泥浆护壁,确保成孔过程中不会缩孔、塌孔。在施工过程中,还发现了溶洞。当施工团队将护壁浆料填进去后,却发现在某些标高、点位上,浆料突然消失,给施工造成了很大的困难。最终,通过与很多专家进行分析讨论,采取针对性措施,例如,重新进行浇筑回灌、调整泥浆比重、对漏浆部位采取封堵等,最终历时一年完成了56根抗滑桩施工。

3.3.10 结构工程访谈问题十

问:据了解,来福士项目的塔楼外立面大多呈不规则的弧形,建筑物不规则,建筑测量定位就是一个难点,施工团队是如何解决的?

答:针对定位测量,施工团队做了很多工作。来福士项目使用的设备比较先进,例如,GPS、全站仪等,这些测量定位的技术都比较成熟。

一般项目可能10层设置一个控制网,但来福士塔楼呈弧线形,该项目两层,甚至一层就需设置控制网,进行定位测量放线。

但仅靠定位测量放线是难以满足项目变形控制的,因为整个项目有徐变。若严格按照设计图纸进行施工,由于塔楼呈弧线形,整个建筑物会有沉降和水平位移。竖向位移带来的问题:塔楼建完后,可能向下沉,也就是压缩,既有沉降又有压缩,导致塔楼会比原先修时略矮;水平方面带来的问题:塔楼建完后,会比原设计图纸略斜一些,安装电梯时会发现井道倾斜。

因此,施工队伍采取以下解决方法:

①进行测量:对施工过程中定位放线进行控制,同时引入沉降和水平位移的观测。

②单独聘请第三方进行观测:聘请第三方对塔楼每隔一周测一次,观测塔楼沉降

了多少,偏了多少,并对数据进行复核。我们可以接受一定范围内的沉降,当拿到数据后施工队伍会对结构进行调整,例如,现在发现结构已经有一定的沉降、压缩变形了,我们会在下一楼层或者其他楼层进行补偿。但也不是一层楼就会补偿到位,在若干楼层中,我们会有意识地对每一楼层放大 1 mm 或者 2 mm,直到可以保证塔楼建完后能与图纸吻合。

③通过建模方法模拟验算:软件可以加入目前的荷载和变形量进行模拟,计算出会向哪个方向偏离多少,大概数据只能作为参考,还要结合实际情况进行判定。用软件进行施工模拟、分析,把施工中的荷载加进去,结合模拟得到的数据、实际观测得到的数据,实际施工测量得到的数据,进行综合判定分析,确定在哪一楼层进行补偿,然后在钢结构柱子等位置有意识地加 1 mm,或者加 2 mm 进行调差。

综上所述,通过以上 3 种方法:测量、第三方观测提供的数据、自身施工模拟验算的结果,结合起来进行补偿调差,保证整栋楼与设计区域图纸吻合。我们还了解到有些项目在施工过程中没有进行补偿调差,使楼栋发生倾斜,电梯井道发生偏斜,乘坐电梯噪声很大,并且电梯长时间在这种井道不直的环境中运行,具有安全隐患,最后还是要把井道调直,付出的代价会更高。

3.3.11　结构工程访谈问题十一

问:项目的施工环境非常狭小、复杂,材料进出困难,如图 3.31 所示,施工团队是如何做好施工平面布置的?

答:施工团队进场后,熟悉现场环境,并制订了相应的平面布置计划。但随后发现计划中的古城墙区域是一进场就要挖掉的,把桩基打完、抗滑桩做完,再做两边的挡墙。因此,这一计划就落空了,需重新调整平面布置。

解决办法包括:

①划分阶段:桩基部分划分了很多阶段,例如塔楼、裙楼桩基、古城墙考古区域,以便对每个阶段进行规划。

②对工况进行模拟:对每个施工阶段,现场是怎么布置的,车要怎么走,机械设备怎么布置,办公室、卸货点的位置,进行全方位模拟。

③钢栈桥的修建:在进行模拟规划过程中,发现为满足古城墙考古需求,施工道路不能形成,因此与业主协商修建一座临时钢栈桥,如图 3.32 所示。钢栈桥在房屋建造领域用得比较少,在民用建筑中搭建一座 180 m 的钢栈桥是相当罕见的。修建钢栈桥是为了方便平面布置、解决场地狭小等问题,把路线打通,施工部署就顺利很多。考虑到绿色环保,把栈桥搭设在某些已经施工完成的区域,例如,搭设在朝天路,在朝天路上搭设一个架空的通道,在通道顶部建造一个钢材料堆场、加工厂,通过重叠节约空间,同时还可作为个别楼层、裙楼裙面完成后的材料堆场。这需要提前与街道办进行沟通,施工过程中不可避免地会产生一些噪声,不仅要办理相关手续,还要取得居民谅解,希望他们能够支持施工团队的工作。

④使用信息化技术:最核心的是对每个阶段提前进行规划、绘制平面图,用 BIM 信息化技术将每个阶段的三维立体图绘制出来,更加清晰、明确每个阶段的目的,若有变化需进行动态调整。

图 3.31　狭窄的施工通道

图 3.32　钢栈桥

3.3.12　结构工程访谈问题十二

问:在结构施工过程中,您有哪些感悟? 给您带来了哪些成就感?

答:我进项目施工团队时刚满 30 岁,中国有句古话曰:"三十而立",这个"三十而立"有多种理解,我听了一些学者讲"三十而立"的意思,我认为,30 岁要承担一些责任,要成为"大家",有一番自己的事业。对于我来说,能够有机会参与这样一个地标性建筑的施工,从内心来讲,非常有收获。

第一,担任项目总工程师,我承受了很大的压力,解决了很多在工程中出现的问题,无论是 90°变截面的超厚筏板、超大直径人工挖孔桩、单腔体异型钢骨巨柱、异形模板、适应弧形爬升的脚手架体系设计,还是其他复杂结构体系,如何攻克? 在这个项目中,我们遇到了许多前人从未遇到的问题,经过与诸多专家的反复分析论证和模拟施工后,最终将其圆满解决,因之带来的满足感、成就感远超任何物质奖励。我认为,工程师要有工程师的精神、工程师的气质、工程师的情怀,能做有意义的事情,能为同行提供某些借鉴,能参与建设一个超级工程,我觉得非常荣幸。

第二,得益于这个平台。有中建集团这样强大的后盾,有凯德集团这样实力雄厚的业主,还有陈总、设计院大咖、结构师、咨询师等专业大师,通过与他们的接触我受益匪浅。虽然我们是施工总承包单位,从合同来看,一般项目总承包单位在结构工程方面主导参与,然而重庆来福士项目我们还承担了一部分安装任务包括一些景观施工任务;对装饰、机电部分,我们还承担起整体把控协调的作用,包括 A 标段的观景天桥。

让业主比较感动的是,两个单位各有自身的技术优势,很好地进行了资源互补,尤其在观景天桥方面。我们作为总包进行观景天桥施工,但是跨区作业对我们的施工区域造成了一定的影响。站在专业角度,我们从整个项目出发给业主和 A 标段提供了优化建议,最终他们都采纳了我们的建议。我们不仅要把观景天桥做到尽善尽美,作为总包单位,要发挥总包单位的专业优势,站在整个项目的立场,以完成客户需要为导向,完善履约交付为目的,不能孤立地考虑某单个项目,如图 3.33 所示。

图 3.33　认真工作的施工人员

3.4　结构工程重要节点

①2014 年 5 月——土方止水帷幕施工,障碍物清除,锚索施工及爆破;

②2015 年 6 月 1 日——开始人工桩施工;

③2015 年 8 月——开始深基坑底板施工;

④2015 年 10 月——深基坑完成,开始地板施工、机械桩施工;

⑤2015 年 10 月 29 日——T3S 塔楼基础底板混凝土浇筑;

⑥2015 年 11 月 4 日——江边抗滑桩施工/第一根钢结构柱吊装,A 标段钢结构首吊;

⑦2015 年 12 月——钢栈桥开始安装;

⑧2016 年 1 月 24 日——江边土方施工,钢结构巨柱首吊;

⑨2016 年 6 月——防洪门施工;

⑩2016 年 10 月——T1 土方平整施工;

⑪2016 年 11 月——高架桥施工,T1 地板施工;

⑫2016 年 12 月——T1 基础桩施工;

⑬2017 年 6 月 18 日——T3S 封顶;

⑭2017 年 9 月 15 日——T4S 封顶;

⑮2017 年 12 月 11 日——T3N/T2 封顶;

⑯2018 年 2 月——T5/T6 封顶;

⑰2018 年 11 月 8 日——T4N 封顶;

⑱2019 年 1 月 31 日——T1 主体封顶;

⑲2019 年 6 月 15 日——外立面完全封闭及北面"风帆"完成;

⑳2019 年 6 月 27 日——地库及裙楼 A、B 区竣工验收。

第4章
幕墙工程施工及管理

4.1 裙楼主要幕墙系统

4.1.1 开放式石材幕墙系统

开放式石材幕墙是裙楼幕墙的主体,如图4.1所示,广泛分布在裙楼外立面,面材选用4排30 mm厚粉红麻花岗岩与一排40 mm厚保利白石灰石间隔排布,石材面板之间横缝13 mm贯通,竖缝8 mm错缝排列。

图4.1 开放式石材幕墙系统

4.1.2 北面主次入口预应力拉杆玻璃幕墙系统

预应力拉杆玻璃幕墙系统,如图4.2所示。此系统主要分布于北立面S5及S1层商业主入口位置,预应力拉杆玻璃幕墙结构体系与钢结构门厅玻璃幕墙相结合;幕墙跨度较大,结构新颖,装饰效果明显,是整个裙楼幕墙的亮点。

4.1.3 东西立面S3层肋驳接玻璃幕墙系统

肋驳接玻璃幕墙位于裙楼东西面S3、S2层餐厅位置,如图4.3所示,四周与石材幕墙交接。玻璃面板选用 12+12A+15 双银 LOW-E 超白钢化中空玻璃,玻璃肋选用 19+2.28SGP+19+2.28SGP+19 超白钢化夹胶玻璃。

图 4.2　北面主次入口预应力拉杆玻璃幕墙系统

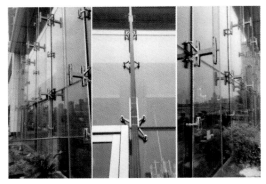

图 4.3　东西立面 S3 层肋驳接玻璃幕墙系统

4.1.4　横明竖隐铝包钢玻璃幕墙系统

横明竖隐铝包钢玻璃幕墙系统,如图 4.4 所示,分布于裙楼幕墙各部位,镶嵌于石材幕墙中,具有良好的功能和装饰作用。

图 4.4　横明竖隐铝包钢玻璃幕墙系统

4.1.5 裙楼屋面采光顶系统

采光顶分布于裙楼屋面,如图 4.5 所示,采用钢桁架加上预应力拉杆形式,水景采光顶周圈与景观石材交接。玻璃面板选用半钢化 Low-E 超白彩釉中空夹胶玻璃,特别是中庭的水景采光顶,呈现出特殊的视觉效果。

图 4.5 裙楼屋面采光顶系统

4.1.6 吊顶系统

格栅吊顶位于接圣街,如图 4.6 所示,由铝板及铝型材组成,将消防及机电管线隐蔽,具有极佳的感观装饰效果。落客区的吊顶由镜面不锈钢加造型铝板构成,镜面不锈钢采用粘副框结构,避免了折边造成的畸变。有两种造型铝板:一种是齿形铝板;另一种是蛇形铝板,采用焊接成形铝板制作。

图 4.6 吊顶系统

4.1.7 裙楼屋面大雨棚系统

裙楼屋面大雨棚呈扇形分布,如图4.7所示,位于裙楼南立面入口处,玻璃面板选用8+1.52PVB+8超白钢化夹胶玻璃,雨棚支撑结构由钢结构和铝合金龙骨组成。圆形钢立柱独立支撑整个雨棚体系,通过不锈钢拉杆将雨棚钢龙骨连成一个整体。

图4.7 裙楼屋面大雨棚系统

4.1.8 北面屋面檐口铝板

北面屋面檐口铝板为双曲造型,如图4.8所示,龙骨采用弯弧T形钢板,铝板为3 mm上大下小的弧形板,每块板尺寸都不一样,对材料的设计、加工、安装都是一种考验。

图4.8 北面屋面檐口铝板

4.2 塔楼主要幕墙系统

塔楼主要幕墙系统由单元系统、框架系统、风帆系统、玻璃翼系统等组成,如图4.9所示。

图4.9　塔楼幕墙系统全面施工中

4.2.1　T1/T2/T3S/T4S/T5/T6 东西面洞口玻璃幕墙

此部位幕墙系统由洞口半单元玻璃幕墙及窗台铝单板组成,如图4.10 所示。

图4.10　T1/T2/T3S/T4S/T5/T6 东西面洞口玻璃幕墙

4.2.2　T1/T2/T5/T6/T3N 北面阳台

此部位幕墙系统由框架玻璃幕墙、铝合金推拉门、玻璃栏板等组成,如图4.11 所示。

图 4.11 T1/T2/T5/T6/T3N 北面阳台

4.2.3 T1/T2/T5/T6/T3N 南面阳台

此部位幕墙系统由框架玻璃幕墙、铝合金推拉门、玻璃栏板、铝合金椀杆、金属屋面、遮阳格栅等组成,如图 4.12 所示。

图 4.12 T1/T2/T5/T6/T3N 南面阳台

4.2.4 T1/T6/T3N/T4N 塔冠造型玻璃幕墙

此部位幕墙系统由屋面钢结构、幕墙钢龙骨系统、压花玻璃面板以及檐口铝单板等组成。

4.2.5 塔楼北面"风帆"系统

塔楼北面的"风帆"为整个幕墙工程的亮点和重点,如图 4.13 所示,既昭示外立面扬帆起航的建筑寓意,又具有灵动优美的外观造型,同时还具有遮阳功能,是集装饰性和功能性为一体的设计典范。

图 4.13　塔楼北面"风帆"系统

4.2.6　T3S/T4S/T3N/T4N 玻璃翼系统

玻璃翼位于 T3S/T4S/T3N/T4N 塔楼东西立面,采用 15+2.28SGP+15 半钢化夹胶玻璃,玻璃 3 边镶嵌于铝合金边框中,玻璃翼自由端悬挑出土建结构 1.05 m,所有玻璃翼首尾相接,竖向贯通,形成塔楼外装饰的一大特色,如图 4.14 所示。

图 4.14　T3S/T4S/T3N/T4N 玻璃翼系统

4.2.7 T1/T2/T3S/T4S/T3N/T4N/T5/T6 百叶系统

百叶系统位于塔楼避难层及 T3S、T4S 北立面,主要材料为铝合金叶片,叶片之间按一定尺寸进行排布,以实现建筑通风换气的功能,如图 4.15 所示。

图 4.15 T1/T2/T3S/T4S/T3N/T4N/T5/T6 百叶系统

4.3 幕墙工程重点工作访谈纪实

来福士项目幕墙工程施工中的相关问题,采访了凯德公司项目经理唐胜军(图4.16)。

图 4.16 唐胜军

唐胜军,工程师,时任凯德重庆来福士项目开发部经理,现任凯德两江春城三期 2号地块项目开发部经理。

4.3.1 幕墙工程访谈问题一

问:您在来福士项目幕墙工程施工过程中遇到过什么困难吗? 您是如何解决

的呢？

答：在幕墙施工过程中最大的困难是场地狭窄，材料堆放困难。

解决方案：

塔楼的单元材料是按照每层的用量进行发货，到场后用塔吊连夜吊至楼层内，安装完成后将运输架吊下来，将卸料平台上移，然后进行下一层单元的吊装，现场无任何积压。T3N 和 T4N 单元每 5~6 层为临时堆放层，单元材料吊至临时堆放层内，安装时从临时堆放层转出。

裙楼的材料是按照需求往场地运输的，进场控制比较关键，现场留两周的安装材料，总包指定了一个堆场，到场材料会尽快消化掉。

项目部安排了专人验收材料，现场材料员都熟悉材料验收、存放标准，对现场材料需求有整体的计划安排。

4.3.2　幕墙工程访谈问题二

问：在幕墙工程建设中，您认为最具挑战性的工作是哪项？您是如何应对的？

答：最具挑战性的工作是裙楼水景采光顶的设计及施工。

水景采光顶位于裙楼屋面中部，它的周围与景观石材交接。水景采光顶玻璃外表面黏接水晶玻璃将室外阳光折射于室内墙面，呈现特殊的视觉效果，同时玻璃外表面长期浸于水中，可自然调节玻璃表面温度，减少室内能耗。采光顶玻璃表面阶梯状造型和不锈钢分水板，利于流水并调节水流，将形成极佳的室外景观效果。

水景采光顶独特的设计给工程施工带来了一定的困难。由于本工程水景采光顶跨度较大，支撑龙骨及周边水槽的安装成为施工的重难点。中建八局采用的施工方案为：

①在原钢结构下方悬挂两道水平兜网，主要防止大型材料坠落，另在兜网内满铺密目网以防止小件掉落。

②在原钢结构上部铺设木跳板，跳板用铁丝与钢结构绑扎固定，在原钢结构横竖向端头加挂安全绳，用于施工人员悬挂安全带，以保证施工人员人身安全，如图 4.17 所示。安装玻璃时采用吊车安装，根据玻璃安装情况逐步拆除木跳板。

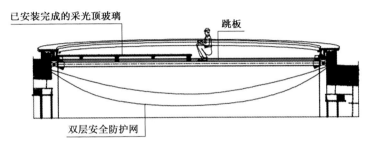

图 4.17　施工示意图

为了呈现最佳效果,水景采光顶(图4.18)前期的设计方案与建筑顾问沟通了近一年时间才初步确定,图纸也不断更改、完善,从2017年6月底钢桁架到位至2019年10月水景放水亮灯,历时28个月终将水景天窗完成,此项工程的竣工非常具有纪念意义。

图4.18　水景采光顶

4.3.3　幕墙工程访谈问题三

问:来福士项目幕墙工程建设过程中的里程碑事件有哪些? 建设中的重要环节有哪些?

答:幕墙建设的里程碑事件有:

①观景天桥单元封闭,如图4.19和图4.20所示。

图4.19　观景天桥单元封闭

图 4.20　观景天桥钢结构施工图

②各塔楼的单元封闭。2019 年 8 月 23 日,T2、T3S、裙楼幕墙验收;2020 年 6 月 4 日,T1 幕墙验收。

③塔楼"风帆"封闭。塔楼北面的"风帆"为整个幕墙工程的亮点和重点,既昭示外立面扬帆起航的建筑寓意,又具有灵动优美的外观造型,同时还具有遮阳功能。是集装饰性和功能性为一体的设计典范,因此"风帆"的完成具有里程碑式意义,如图 4.21 所示。

图 4.21　塔楼"风帆"

④裙楼商场开业。2019 年 9 月 6 日,裙楼商场正式开业,如图 4.22 所示,项目一部分转入运营阶段。

建设中的重要环节:各分项的穿插与配合,比如二次砌体一定要在幕墙完成后再砌入,否则会影响幕墙材料的转运。

图 4.22 等待裙楼商场开幕的人群

4.3.4 幕墙工程访谈问题四

问：在幕墙工程建设中，有没有让您印象深刻、难以忘怀或者有趣的事情？

答：最难忘的是 2019 年 9 月 5 日晚通宵加班施工，为了第二天的商场开业，项目部全员与安装工人一起抢工北面次入口的门斗玻璃安装任务，虽然天亮时大家都累瘫在地上，但看到开业时的壮观景象，还是有一种满足感和成就感。

4.3.5 幕墙工程访谈问题五

问：幕墙工程涉及很多高空作业，请问施工团队采用了哪些措施来确保施工人员的安全呢？

答：幕墙施工是一个高危行业，不论是吊篮还是脚手架，都要经过技术交底才能作业，一是工人的主观重视，二是管理人员的主动检查巡视，三是现场的防护用品配备齐全。

施工团队挑选了经验丰富的工人进行施工作业，并在施工前带领工人熟读图纸，反复强调施工安全。高处工作人员随身携带的工具会装袋精心保管，施工区域的物料要放在安全不影响通行的地方，必要时需捆好。悬空高处作业所用的索具、吊笼、吊篮、平台等设备设施均经过技术鉴定或检验后才能使用，每名作业人员都须系好高空绳、保险绳。

"蜘蛛人"在施工过程中必须安排专职的绳子看护人，并且采用双绳工作，配备工具包。在"蜘蛛人"施工部位的地面设置禁行区，做好维护、设立警告牌、防止高空坠物伤人，当超过 4 级大风、5 ℃以下或 35 ℃以上，必须停止"蜘蛛人"施工。

图4.23 高空作业保护措施

（图4.23 在吊绳固定处、四周设置警示区域和警示语；吊绳向下转折和棱角处，采用柔软耐磨的材料垫好，保护绳子不被损伤。）

图4.24 吊绳

（图4.24 吊绳采用多股多次打结，确保吊绳结扣牢固。）

图4.25 "蜘蛛人"在吊绳上进行施工准备

（图 4.25 为"蜘蛛人"在吊绳上进行施工准备，验证是否安全可靠。对"蜘蛛人"三保险：①主绳和座板安全可靠，施工人员很平稳。②安全带挂在安全绳的安全锁上，进一步保证安全。③"蜘蛛人"可以随时、方便地进入室内。从室内牢固的固定点连接一条安全绳在"蜘蛛人"身上，再一次对室外施工的"蜘蛛人"起到安全保护作用。）

图 4.26　用电设备安全防护

（图 4.26 系"蜘蛛人"的室内配合人员可靠的安全防护，用电设备可靠、配电箱采用三级漏电保护。设备放置距离可靠，方便室内配合人员调节开关。）

图 4.27　蜘蛛人施工

（图 4.27 系"蜘蛛人"施工作业，操作简单安全，扳手、榔头用绳子连接在工具包上，大型工具如电锤用绳子连接到室内可靠连接点，防止高空坠物。"蜘蛛人"双绳子连接，确保操作安全。）

对于吊篮，来福士项目选用 ZLP-630 电动吊篮，限制使用载荷 400 kg，操作人员必须是两个人，并经过培训，掌握吊篮技术。施工时，操作人员要戴好安全帽，拴好安全绳，当吊篮上下运行及停在空中作业时，操作人员必须将安全带扣在自锁器上，自锁器扣在保险绳上。

对于脚手架,要求脚手架人员必须持证上岗,并佩戴相应的安全用具,搭拆脚手架时,空中和地面均应设防护区域,并派专人看守,如图 4.28 所示。

图 4.28　防护区域示意图

施工过程中还安排了安全监管人员进行巡视,并做好书面记录。施工团队在幕墙施工层上方(避难层)设置水平悬挑安全防护棚,在转角处等特殊部位采取加强处理,防护棚端部设置不小于 1.2 m 的防护栏杆,栏杆上用多层板封闭,夜间设置警示灯(太阳能警示红灯)。

4.3.6　幕墙工程访谈问题六

问:我们知道 T3N/T4N 的高度是 356 m,非常高,那么塔冠幕墙材料是怎么运输上去的呢? 塔冠幕墙的安装存在哪些难点? 施工团队又是怎样解决的?

答:塔冠材料运输分为垂直运输和水平运输。

垂直运输:塔冠的材料根据现场的实际情况优先备料,在塔吊拆除前利用塔吊吊至屋面结构,将材料运输上去;转接件、五金件等小材料采用施工升降机运输。力图用最少的物资和人力实现材料的运输。

水平运输:塔吊、吊车、施工升降电梯运输上去的材料,通过人工运输至各个安装面。

塔冠幕墙(图 4.29)主要是钢龙骨的施工有些困难,由于要与防水进行交叉施工,所以幕墙的钢龙骨完成后需进行防水施工。又因为此处为工程最高点,钢龙骨的焊接必须用接火盘接火,防止火花掉落。所有的工具、材料都要有防坠措施。

4.3.7　幕墙工程访谈问题七

问:来福士项目的幕墙工程施工周期较短,工程施工难度大,交叉施工单位多,施工团队是如何保证幕墙钢结构安装工期按计划进行的呢? 或者说是如何控制进度的?

图4.29 塔冠玻璃幕墙

答:中建八局采用了 Primavera 6.0(P6)软件,该软件可以实现强大的进度计划、资源与费用管理。

以采光顶的钢结构为例,在设计技术阶段,中建八局 BIM 小组建立了 BIM 工作站,采用先进的网络设备在开放平台上协同设计,构筑无障碍的信息交流平台,大幅度地提高了设计效率。中建八局还将设计任务按照设计和工艺两个性质进行划分,设计组负责确定基本系统,完成模型和整套施工图纸;工艺组将直接按照设计组提供的图纸完成加工详图、安装详图和材料准确订单,在很大程度上保证了设计工作提前完成。

在材料供应方面,由于各区域交付幕墙钢结构施工时间不一致,为此现场必须先行备料,在采购合同中对每种材料详细列明技术要求、工期和责任划分,保证材料的质量与供货周期。

在生产加工方面,工程中的所有安装材料都在重庆市合川区某加工厂生产(图4.30),充分利用所配备的先进施工机械设备,并合理采用先进工艺提高效率。按理论尺寸进行主龙骨的加工,然后用转接件进行微尺寸调整,消化土建偏差,作业面一交付立即将钢构分批进场,进场即安装,保证不在现场堆积。

图4.30 重庆合川加工基地

在施工管理方面,制订月度工程进度表、周进度表,并严格执行施工组织计划,若进度受影响,将增加施工人员或二班、三班作业。

4.3.8　幕墙工程访谈问题八

问：焊接施工是本工程的关键工序之一，需要对焊接全过程进行质量把控，请问施工团队是如何进行质量把控的？

答：焊接施工过程采取"三检制"对质量进行把控。"三检制"即操作者自检、质检员检查、项目部抽检。

首先对操作者的要求是持证上岗，并进行现场实际操作考评，合格后上岗。上岗前进行必要的培训，在施工过程中操作者应进行自检，并填写"自检表"。质保部专门成立了该工程的质量控制小组，负责该计划的执行工作和执行过程中的监督考核工作，质检人员的巡检记录在月底需上交质检科和生产技术科。项目质量部以各施工单位现场施工质量及质量管理状况为依据，制订奖罚措施。例如，钢龙骨及连接件的焊接验收，若发现漏焊或焊缝有严重缺陷的，给予 1 000 元罚款；焊缝节点在验收时发现漏涂防锈漆的，每处给予施工单位 200 ~ 1 000 元罚款，以示警诫。最后，项目部会对施工结果进行抽检，发现质量不合格的当面提出并要求整改。

4.3.9　幕墙工程访谈问题九

问：在幕墙施工过程中，中建八局是否采用了一些比较新颖的技术或方法来提高施工效率呢？

答：因中建八局施工区域没有施工通道，该局为了提高施工效率，在施工区域中间架设了钢栈桥，为各单位材料进场创造了条件。

由于幕墙材料都是晚上进场，经常出现材料车在工地门口排队的现象，该局采用材料入场的前一天签材料进场申请单，控制进场材料车的数量，并计划安排塔吊给各单位使用的时间，使得进场材料有序、上楼有序。

该局还采用 BIM 技术进行深化组织设计，理解工作范围、装配以及工作计划；解决碰撞，方便项目实施及制造，实现团队成员之间更高效的协调与沟通，如图 4.31 所示。

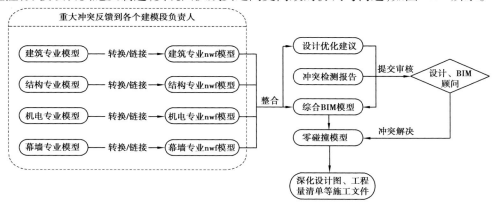

图 4.31　使用 BIM 深化设计流程

4.3.10　幕墙工程访谈问题十

问：B 标段总承包单位是中建八局，请问中建八局采用了哪些方法与幕墙施工单位及其他公司保持有效的沟通和合作的？

答：主要方式是通过有效的管理流程定期开会，讨论相关问题。

每日有早班会，对施工区域、施工内容进行合理安排，对可能影响幕墙施工的区域进行公告。每周有各区域的进度会，各单位提出问题并进行解决。

每月有进度计划会，提前使幕墙单位排出进场材料计划。

通过每日、每周、每月的统筹汇报，中建八局与其他公司可以互相了解对方进度，并对施工过程中出现的问题进行探讨，以便及时解决。

4.3.11　幕墙工程访谈问题十一

问：裙楼投入运营时，幕墙工作还在继续，中建八局是如何保证这段时间来往的行人和车辆安全的？

答：中建八局将施工区域完全封闭，并与开放区进行隔离，保证开放区人员及车辆的安全。并对施工区域留出专用通道，保证材料进场不受阻。

4.3.12　幕墙工程访谈问题十二

问：我们了解到国内出现了几桩因幕墙建筑采用的玻璃不符合规范，受外部环境温度、气候的影响，产生玻璃热胀冷缩后的裂变现象。来福士项目是如何保障幕墙工程后期的运行安全的？

答：①在幕墙施工图审查阶段，由专业的幕墙设计单位进行设计，由幕墙顾问公司进行把关，使材料在设计阶段就符合国标、地标的要求。

②在选择玻璃加工厂时，由施工单位选择在国内行业中声誉良好的企业进入备选品牌库。

③在玻璃加工过程中要求全部进行热浸处理，减少后期的自爆率。

④幕墙交付使用后，将根据实际情况有针对性地进行安全检查。

⑤中建八局维修机构提供 24 h 不间断服务，在运营过程中如果出现自爆现象，施工单位将第一时间到达现场进行处理，更换时将在非营运时间进行。

4.3.13　幕墙工程访谈问题十三

问：近年来，国家大力提倡建筑节能、环保，您对我国幕墙的发展趋势和推广使用节能幕墙产品怎么看？在来福士项目中是否使用了具有节能环保作用的新产品？

答：节能、环保材料是未来建筑的发展趋势，为了今后的长远发展，来福士项目的幕墙工程同样会采用节能材料。

来福士项目中的玻璃采用热反射镀膜玻璃（Low-E 玻璃），即采用真空磁控溅射方法在玻璃表面镀上含有一层或两层甚至三层银层的膜系,使玻璃辐射率 E 由 0.84 降至 0.15 以下,以降低能量吸收或控制室内外能量交换。

　　另外,来福士项目的幕墙结构形式为"横明竖隐",所有的明框铝型材都采用隔热型材,避免了室内外的热传递。幕墙结构完成全部效果,如图 4.32 所示。

图 4.32　幕墙结构完成全部效果图

4.4　幕墙工程重要节点

　　①2017 年 4 月 07 日——塔楼开始挂单元;
　　②2017 年 6 月 29 日——裙楼天窗桁架安装;
　　③2017 年 12 月 08 日——裙楼天窗安装玻璃;
　　④2018 年 10 月 17 日——石材大面积安装;
　　⑤2019 年 1 月 25 日——北主入口拆架子;
　　⑥2019 年 4 月 30 日——北面挑檐立框;
　　⑦2019 年 7 月 15 日——大雨棚立钢柱;
　　⑧2019 年 7 月 17 日——钢桥安装;
　　⑨2019 年 8 月 23 日——T2、T3S、裙楼幕墙验收;
　　⑩2019 年 9 月 06 日——裙楼商场开业;
　　⑪2019 年 9 月 23 日——大雨棚安装玻璃;
　　⑫2019 年 10 月 15 日——项目亮灯(图 4.32);
　　⑬2020 年 6 月 04 日——T1 幕墙验收。

第 5 章
钢结构工程施工及管理

5.1 钢结构工程现场施工纪实

5.1.1 钢结构工程简介

钢结构体量大,总质量约7.6万t。钢结构应用广泛,适用于裙楼、8栋塔楼、观景天桥。钢结构及其构件复杂,包括钢梁、斜柱、巨柱、软钢阻尼器、组合伸臂钢架、摩擦摆式支座、裙房支座、液压阻尼器等,如图5.1所示。钢结构工程是项目关键路径,是主体钢筋混凝土结构施工的主要工序,关系项目的绝对工期。

钢结构工程参与方众多,协调工作复杂、琐碎。实施过程中,组织工作需跨越两个标段,协调两个不同的钢结构分包团队。同时协调结构设计顾问、当地设计院、深化设计团队、加工厂、总包、机电、幕墙、质监检测、业主团队等多个参与方。在各专业精心配合下,还需协调BIM顾问。

图 5.1 钢结构工程 BIM 模型

5.1.2　设计图纸深化

钢结构施工前最重要的一项工作就是设计图纸深化。在原设计方案、条件图的基础上,结合现场实际情况,对图纸进行补充、完善,绘制成具有可实施性的施工图纸。深化设计后的图纸满足原方案设计技术要求,符合相关地域设计规范和施工规范,并通过审查,图形合一,能直接指导现场施工。

(1)巨柱优化(图 5.2)

经过抗震审查后(图 5.3),专家要求采用整体式钢骨。通过理论分析,增强了钢骨的整体性,同时优化减少了板厚,钢板厚度由 80 mm 减少到 60 mm。经过节点试验验证,优化后的钢骨受力与变形均满足规范要求。

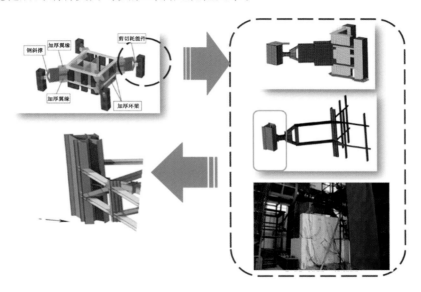

图 5.2　巨柱优化

图 5.3　抗震设防审查会

(2)深化设计软件

钢结构设计及深化通过芬兰 Tekla 公司(图 5.4)的 Xsteel 软件完成,满足本项目要求。该软件三维建模的模型包含设计、构造、装配、校核所需的全部信息,可以直观

地表现结构构件,并在模型中解决碰撞问题;可以快速地实现深化设计,形成加工图纸;可以方便地生成装配图、下料图、节点图和加工图,并快速生成各种报表;可以通过Tekla 模型,协助编制施工方案。该软件三维建模如图 5.5—图 5.10 所示,正因为有了软件的辅助,我们极大地提升了工作效率。

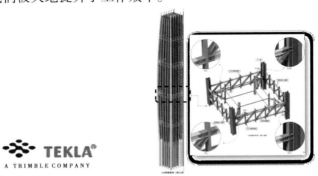

图 5.4　软件图标　　图 5.5　利用软件制作的 T3N BIM 整体与加强层模型

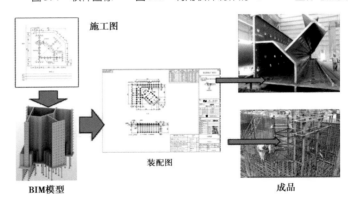

图 5.6　巨柱柱脚与第一节柱

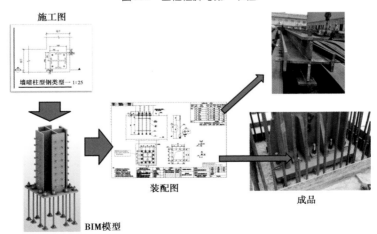

图 5.7　普通型钢柱

埋入式柱脚→非埋入式柱脚
◆ 经过结构分析与振动台试验证实,柱底在水平力下无拉力。可以将埋入式柱脚改为非埋入式。
◆ 降低首节钢柱长度,减少埋入长度约0.9 m,节省用钢约128 t。
◆ 降低底板钢筋绑扎与浇注难度。

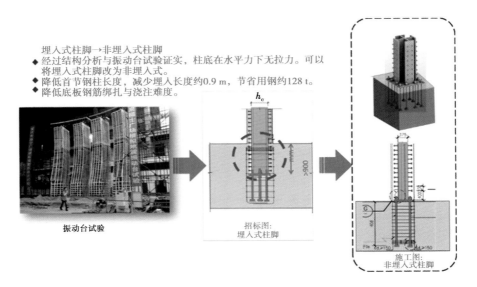

图 5.8　复杂节点施工分析

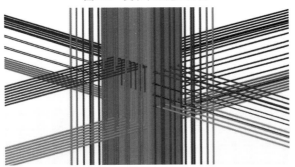

图 5.9　优化钢筋排布

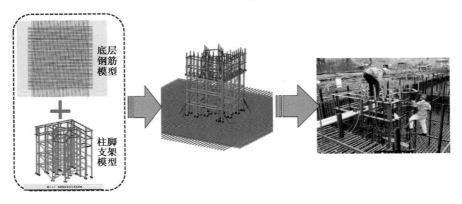

图 5.10　柱脚螺栓安装方案

5.1.3 吊装设备选择

(1)塔吊方案

单节型钢重量与起吊位置决定了塔吊的选型。要尽量减少现场的焊接工作量,尽量减少分段,提高大型塔吊利用率。同时,为了加快现场进度,考虑使用多批次小型构架的吊装,设置配套的小型塔吊。以 T3N 为例,大、小塔吊的利用率均达到 90%,如图 5.11 所示。

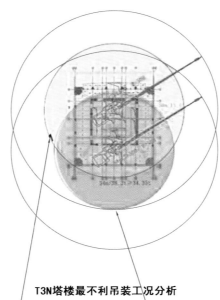

T3N塔楼最不利吊装工况分析

吊装设备型号	ZSL1 500,R=50 m	ZSL500,R=50 m
最不利工况	南侧巨柱	北侧最远 核心筒钢柱
此时吊装半径	34 m	30 m
此时塔吊起重量	38.2 t	13.6 t
最重分节重量	34.35 t	12.6 t
是否满足	38.2 t>34.35 t 一层一吊 利用率89.9%	13.6 t>12.6 t 两层一吊 利用率92.3%
	满足	满足

图 5.11 塔吊利用工况

(2)吊装塔吊

方案编制阶段对机械配置选项进行分析与评定,如图 5.12 所示,现场机械、大型设备、吊车、塔吊、临电等由总包统一管理,用于钢结构安装的动力臂塔吊共 6 台,如图 5.13 所示。甲方牵头,定期组织监理、总包、施工分包、设备厂家等单位,进行现场联合安全检查,如图 5.14 所示。

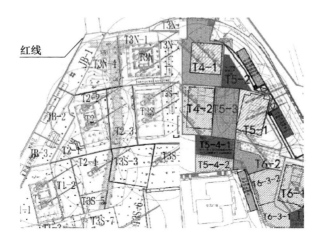

图 5.12　现场塔吊楼施工阶段塔吊布置平面图

图 5.13　现场塔吊现状

图 5.14　现场塔吊布置情况航拍图

5.1.4　钢构件制作加工

动态管理:加工厂备料函通知甲方知悉后,加工厂每进一批材料,驻厂监理均需进行统计、汇报,如发生重大设计变更,项目部会随时叫停备料程序并做好现状记录,如图 5.15 所示。

图 5.15　钢结构普通构件加工过程

风险控制:通过材料的动态管理,可随时掌握加工厂备料批次、数量等情况,使钢结构备料处于风险可控状态,如图 5.16 所示。

图 5.16　钢结构加工标识

过程沟通:若遇特殊情况,业主单位可随时约见施工单位及加工厂领导进行沟通,落实材料及关键节点周期,如图 5.17 所示。

图 5.17　巨柱加工预拼装

5.1.5　钢结构构件现场检验验收

钢结构构件进场,由(甲方)监理、总包联合现场检查,重点是构件外形尺寸及焊缝外观质量检查,同时检查随同构件进场的质保资料、进场计划、进度控制与管理、各种辅助材料的进场报验及验收。现场巡视时发现材料问题,及时纠正,如图 5.18—图 5.20 所示。

图 5.18　钢结构检验

图 5.19　现场巡视

图 5.20　焊接检测

5.1.6　吊装运输道路

项目施工位置及现场吊装运输道路布置(图 5.21)和构件运输就位(图 5.22 和图 5.23)是安排钢结构构件吊装的基础条件,必须提前做好部署。

图 5.21　现场吊装运输道路布置图

图 5.22　吊装构件运输就位

图 5.23　吊装构件卸载

　　重庆来福士项目使用的创新组合伸臂系统,如图 5.24 所示,其作用类似于塔楼"保险丝",运用了摩擦摆式支座和阻尼器,成功地解决了风、地震作用下塔楼和观景天桥之间"抗"与"放"的结构难题。创新组合伸臂系统施工过程中,施工、设计以及业主单位经过周密施工组织现场有序推进,其施工过程如图 5.25—图 5.27 所示。

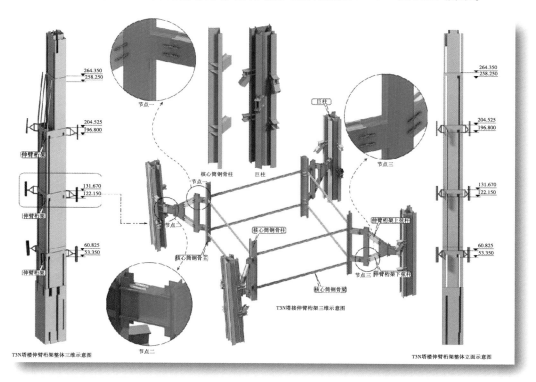

图 5.24　创新组合伸臂系统示意图

图 5.25　创新组合伸臂系统施工现场 1　　　　图 5.26　创新组合伸臂系统施工现场 2

图 5.27　创新组合伸臂系统施工现场 3

　　空中观景天桥现场施工组织及施工吊装方案经过多次讨论及策划,克服现场狭小(图 5.28)等诸多困难顺利按预定方案组织施工,如图 5.29—图 5.31 所示。

图 5.28　观景天桥安装场地限制条件

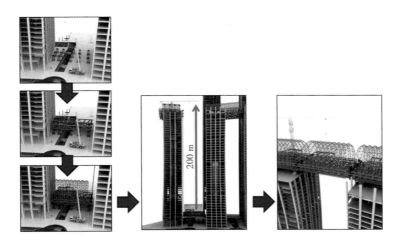

图 5.29　观景天桥建议施工工序

悬臂段自延伸施工　　　　　　　　　围护结构胎架支撑安装

图 5.30　观景天桥主要安装方法

图 5.31　观景天桥钢结构施工

5.2 钢结构工程重点工作访谈纪实

有关来福士项目钢结构施工的具体问题,采访了凯德公司工程经理林世友(图5.32)。

图5.32 林世友

林世友,高级工程师、国家一级建造师。1994年7月,入职北京建工集团机械施工公司,历任技术科科长、项目管理部经理等职务。2011年2月,入职新加坡凯德集团,参与天津国际贸易中心、重庆来福士项目的建设全过程。在来福士项目建设过程中,带领观景天桥团队完成了300 m长的万吨观景天桥钢结构安装的世界性创举。

5.2.1 钢结构工程访谈问题一

问:您在来福士项目钢结构施工过程中遇到过什么困难吗?您是如何解决的?

答:来福士项目的钢结构将近80 000 t,分布面广且比较零散,包括地下室、裙楼以及8栋高层均涉及钢结构施工,与土建等工程施工穿插部分较多,同时受限于场地,遇到的困难较多。

(1)场地狭窄问题

首先,钢结构施工过程中最大的问题是场地狭窄问题。来福士项目位于重庆渝中半岛的岛尖上(图5.33),由中建八局与中建三局共同承建,分别只有一条运输道路,此外,整个项目不分期,场地全面动工,土建、全面动工所有材料均需在场地内存放及施工,而材料入场道路只有两条,在高峰期,一上午需要运进几十车材料,材料的卸货、存放、搬运等均需一定空间。例如,观景天桥钢结构部分施工时,短短一个月,有1 000多车材料需要运输,场地愈发狭窄。

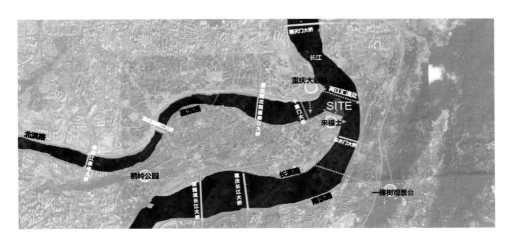

图 5.33　重庆来福士项目选址地图

解决方案:铺路搭桥战术

前期:解决施工道路有两种方式:A 标段,在地下车库结构层先成型一条运输通道,材料通过所构建的裙楼平层通道在地下室内完成运输,在天窗部位进行卸车及吊装;B 标段,原规划的现场施工运输道路由于特殊原因部分结构无法施工,施工通道无法形成,最终决定在地下室结构层建造临时钢栈桥,解决 B 标段材料场内运输难题。

后期:通过打通裙楼顶的消防通道解决了场内材料运输及材料堆放等问题。

A 标段的材料运输计划是从长滨路拐进裙楼里,加固裙楼 F5 地下室平层作为运输通道运输材料。这个方案存在不安全因素,即可能会使裙楼建设不稳固。裙楼当时尚未完工,如果继续往上建设,而在地下室平层打通道路,建立调档口,可能会对吊装、卸货产生很大影响。B 标段的材料运输计划最先是通过嘉滨路完成材料运输,但是嘉滨路在土方开挖时挖到了古城墙,为了保护古城墙,这条路相当于被封堵了。于是材料不得不通过一条上坡运输至坡底,相当于退着施工,这样是不现实的,也是不经济的。经过上层决策与摸索,决定在陕西路修筑钢栈桥作为材料的主要运输通道,嘉滨路和钢栈桥连接起来,材料通过钢栈桥运输进去,再通过各个塔楼的塔吊进行分散。钢栈桥对工程起着决定性作用,承担了 30% ~40% 的材料运输。

后期建设,裙楼主体结构接近完工,观景天桥施工平台、裙楼屋面天窗等后续项目施工使钢栈桥及地下室平层通道无法继续使用。因此,A 标段的平层运输通道无法继续使用,B 标段塔楼材料仅通过钢栈桥进行吊装运输十分费劲。为解决此问题,钢结构总负责人发现可以新建钢桥连通裙楼屋顶,从而充分利用裙楼屋顶的消防通道。屋顶的消防通道加起来超过 1 000 m,最大承重为消防车质量 60 t,理论上能满足 60 t 货车的通行要求。于是,一个异形带坡度的钢连桥将陕西路与裙楼屋顶连接起来,此通道为后续观景天桥钢结构施工创造了极大便利,利用屋顶的消防通道解决了后期材料运输通道及现场堆放的一大难题。

(2)工期倒逼问题

在整个项目中,钢结构的工期最紧。整个项目规定了明确的施工工期,每一部分的工期都有明确规定,而钢结构的工期需要土建施工进度配合。若土建部分未能按时完工,则钢结构的工期必须倒推,根据最后的截止时间安排作业时间。显然,整个工期被压缩,钢结构施工压力陡增。

解决方案:人海战术

为了满足工期,需要增大劳动力供应。钢结构施工需要专业施工人员,故项目选择的钢结构承包公司均为实力雄厚的大公司。当时增加 200 多名钢结构专业工人进行施工,并且采用两班倒的工作制度,早上五六点开始施工,直到 24:00 左右结束,下半夜进行材料的卸货及运货。在顶峰时期整个项目高达 5 000 多人同时作业,施工管理难度非常大。

(3)立体交叉

由于钢结构分布面较广,故施工过程中产生的平面立体交叉非常严重。该立体交叉主要是指本项目钢结构的施工与其他专业施工之间的影响。本项目是重庆市塔吊同时作业最多的工地,塔吊的错综复杂使施工人员必须考量高层塔吊对其他项目的影响,特别是进行观景天桥钢结构施工时,由于观景天桥位于 200 多 m 的高空,需进行钢结构的各种合龙、组装,而下端建筑部分尚未结束,存在十分严重的立体交叉。

解决方案:组装平台战术

为解决立体交叉,采用组装钢平台的办法阻断空间的立体交叉。所有的钢柱吊装设立专用的吊装平台,使高空作业在一个封闭平台内进行。该平台采用组装式结构,每节柱子可重复使用,某项目作业完毕可立即拆卸并运送至其他项目,即装即用。该平台能够充分保障施工人员的人身安全,防止高空坠物,同时能够提高工作效率。

(4)材料供应与运输问题

本项目牵涉四五十个专业,各种材料包括建筑材料、零配件以及焊接材料等的供应,若不从源头上进行控制,则无法保证构件的质量及按时进场。在钢结构施工中,材料供应需从源头开始规划,不仅严格执行图纸发布的工期计划,还需按照深化图纸的具体要求进行,从项目设计开始就着手规划钢结构所需材料;此外,对材料的管控,由于量大、时间紧,一般的钢结构厂家无法完成订单,因此,钢结构材料的管控需从加工厂抓起,又因选择的加工厂地址不在重庆,所以涉及材料运输问题。

中建八局选择的钢结构代工厂均位于东南沿海地区,离重庆距离遥远,故材料运输成为亟须解决的问题。由于货运受限于外形尺寸及质量,而重庆、浙江均属港运城市,水运是较好的选择。但水运无法精准控制时间节点,不能满足工程点单式构件供应需要,除非设置中转场地,将材料提前送达,否则难以按时进场。

解决方案:组织协调

本项目的钢结构施工选择了两家钢结构施工公司,即中建八局钢结构工程公司与中建科工集团有限公司。中建八局钢结构工程公司有两家大型加工厂,一家是位于江苏的沪宁钢机股份有限公司;另一家是浙江精工机械设备科技有限公司,该公司还有一家分厂位于武汉。这两家加工厂在国内加工体系中规模位居前列,但均位于中国东南沿海。中建科工集团有限公司旗下位于成都的分厂——西南加工厂在项目建设过程中正好投产,且规模较大,因此,选择其作为本项目的加工厂进行钢结构材料加工。

渝中区处于重庆市中心位置,22:00 以后才允许材料进场,而项目多个板块需同时施工,所需材料也各有差异,且受限于场地,无法堆放过多材料,因此需严格规划各部门的材料进场时间,比如 23:00 为钢结构材料进场时间,23:00 为土建部分材料进场时间等,每一部分不允许耽误,否则后面的材料运输均会受到影响。因此,由甲方牵头专门成立材料协调小组,建立微信工作群,由各个施工单位派一名成员进群,负责协调材料进场次序、时间等问题。

（5）夜间施工问题

由于项目地处重庆核心位置,大型运输车辆只允许夜间作业,施工需考虑噪声污染和粉尘污染,而且工期紧,为了抢工期,钢结构施工,包括卸货周转、吊装、焊接、无损检测等几乎 24 h 不间断工作。夜间施工,管控非常重要,噪声污染、光污染等是急需解决的问题,尤其是夜间施工必须保证安全。

解决方案:设置专用操作平台以屏蔽焊接弧光。

5.2.2　钢结构工程访谈问题二

问:您在来福士项目钢结构工程建设中遇到的最大挑战是什么? 又是如何突破的?

答:①各个专业分包之间的利益平衡与项目总体工期把控之间的矛盾。

一个项目涉及多个施工单位,每个施工单位施工的出发点首先是基于利益的权衡,即如何施工才能工期最短、经费最省,但对于整个项目而言,则需平衡各个专业分包的施工进度,哪个板块在前,哪个板块在后,都有严格的顺序,这便存在各个专业分包之间的利益平衡与项目总体工期把控之间的矛盾。这一矛盾如何协调、解决,对于项目而言是非常大的挑战。如何将此挑战细化,很考验团队之间的协调沟通能力。

具体来说,钢结构分布范围最广,挑战更甚。不同施工部分,性质有所差异;不同施工人员,专业知识有所差别。其他部分的施工人员可能无法理解钢结构专业的重要性,因此协调起来十分困难。例如,土建砌体可以预支较少费用,装一车砖进场便可开展砌筑施工;而钢结构在施工过程中,则需明确规划每一构件的作用、性能及用途,且构件之间的衔接、拼装也需给定明确方案。预订部分材料与一次性订购全部材料之间存在较大的差价,对于项目而言,更经济的方式则是一次性购齐所需材料。由于钢结构的特殊性,材料费占了成本的 80%～85%,这些材料无法在项目现场加工,只能运到加工厂加工。若对钢结构专业了解不深,则沟通难度较大。而钢结构部分在项目推进过程中与土建部分相互穿插、互相影响,交叉施工较为严重。因此,钢结构施工与土建施工之间的协调沟通与利益权衡是重点和难点。

②观景天桥的钢结构施工是一个巨大的挑战。

观景天桥的钢结构重达 12 000 t,长约 300 m,安装在 4 个塔楼顶上。施工时必须待

4个塔楼完工后才能动工,并且塔楼完工后裙楼仍然在建,如何将12 000 t构件安装至250 m的高空,是一个巨大的挑战。

塔楼施工方以土建为主导,为了节约成本,选择起重能力较小的小塔吊进行工作,但起吊观景天桥钢结构时,若使用小塔吊,则必须将钢结构进行多次分割,然后在塔楼顶部进行焊接。对于焊接来说,加工厂有成套的焊接体系,工作推进较易,而工地上无法建设如此完备的焊接系统,因此,操作不易,效率也低,这是施工过程中的突出矛盾。

观景天桥的钢结构施工方案:直接安装塔楼顶的观景天桥钢结构部分,4个塔楼之间的3个空隙采取吊装方式分成3段进行吊装,每一段重达1 000多t。在操作上,先在裙楼构建钢拼台,进行钢结构拼接,拼接完成后再进行吊装,使用专业液压提升设备依据塔楼顶端两端的悬挑在高空进行安装。

5.2.3　钢结构工程访谈问题三

问:来福士项目钢结构施工过程中的里程碑事件有哪些? 钢结构施工过程中最重要的环节是什么? 为什么?

答:①塔楼和裙楼的里程碑节点。

里程碑1:钢结构首次吊装成功。

2015年11月11日,钢结构第一次吊装成功(图5.34),标志着之前针对钢结构的技术准备、加工运输等研究策划手段取得初步成效。为了庆祝钢结构的首次吊装,现场举行了一个简短仪式,邀请凯德集团项目负责人等参加(图5.35),使其重视起来,给整个项目起到良好的带头作用,同时也是一种鞭策与激励。因此,钢结构的首次吊装对整个项目具有里程碑意义。

图5.34　钢结构首次吊装仪式

图5.35　凯德项目总监吴焕忠(右)
与副总监陈树林(左)

里程碑 2：巨柱进场。

　　项目包含两栋 350 m 高的高层建筑，采取巨柱形式，而每一巨柱的构件接近 40 t，如图 5.36 所示。2016 年 1 月 21 日，第一根巨柱进场（图 5.37），代表该项目成功了一半。

图 5.36　巨柱进场　　　　　　　　　图 5.37　第一根巨柱进场

　　首先，从加工工艺来看，第一根巨柱的成功进场证明该巨柱采用的加工方式符合项目要求，其余巨柱可参照此方式进行加工；其次，从运输来看，加工厂距项目路途遥远，且巨柱截面约 3.8 m，重达 40 t，超宽超重，若能成功运至现场，证明已成功解决此类问题；最后，巨柱的安装对现场设备也是一种检验，因为首先进场的巨柱一定是基层构件，而基层构件一定是整个巨柱中最粗、最重、承载能力最强的部分，若现场起重设备能够成功吊装基层构件中的巨柱，上层构件的吊装肯定也能成功完成。因此，巨柱的进场并成功吊装是钢结构工程的一个重大里程碑事件，如图 5.38 所示。

图 5.38　巨柱首次吊装庆祝仪式现场图

里程碑 3：宴会厅大跨度钢结构的安装。

宴会厅钢结构原计划使用 T3N 与 T4N 高层塔吊施工，但这两栋高层工期紧张，且工程进度呈滞后状态，其塔吊无法应用于宴会厅钢结构的安装。经研究，最终决定专门设置中昇 1 500 型塔吊完成宴会厅钢结构的吊装。宴会厅钢桁架是跨度为 42 m 的大跨度空间结构重型桁架，承载着裙楼屋面的水景区及 2 条消防通道，结构的重要性不言而喻。宴会厅桁架施工方式：设置临时支撑点，将其分成几段进行吊装。宴会厅位于裙楼四五层顶上，该空间的钢结构安装对于整个钢结构工程而言是一个里程碑事件。

里程碑 4：豪华区钢结构的强攻管理完成。

豪华区施工牵涉地铁结构，是最晚、最后封顶的区域，该区域的钢结构属于大跨度钢结构。此部分钢结构的完工标志着裙楼钢结构基本大功告成。

里程碑 5：首个避难层钢结构的安装。

首个避难层钢结构的施工与土建部分存在严重交叉，需进行流水作业，因此，该区域耗时 45 天才完工。避难层的伸臂桁架是施工单位首次使用，安装此类桁架的次序、工序都是在摸索中进行，因此耗费时间较长，为后面避难层的构建提供了实践经验，为后续工作节省了时间，颇具探索意义。

里程碑 6：T3N 与 T4N 的封顶。

历经两年艰苦卓绝的紧张施工，迎来了 T3N 与 T4N 的顺利封顶，如图 5.39 所示，这对于整个项目以及各施工单位而言，具有里程碑意义。

图 5.39　T3N 钢结构封顶仪式现场

②观景天桥的里程碑节点。

里程碑 1：2017 年 7 月 31 日观景天桥钢平台安装。

为了实现立体交叉施工，保证观景天桥正常作业的同时不影响裙楼的施工进度，在裙楼顶部安装临时钢拼台，作为观景天桥钢结构组装台，实现平台上下同时施工，加快裙楼商场封闭、精装工程等的施工进程。观景天桥拼装钢平台开始安装，表明陕西路通往裙楼屋面消防通道的第一阶段运输道路实现贯通。

里程碑 2：2017 年 12 月 13 日观景天桥首次提升。

里程碑 3：2019 年 1 月 14 日观景天桥竣工。

5.2.4　钢结构工程访谈问题四

问：项目钢栈桥的修建是出于什么原因呢？开展是否顺利？过程是否顺利？

答:在 F6 层修筑钢栈桥的目的是运输材料,若不修钢栈桥,则材料需从裙楼内预留通道进行运输,而裙楼尚未完工,留下运输通道不仅使裙楼结构不完整,增加施工难度,而且可能延误工期。修筑钢栈桥,相当于开辟了地下室及地下室以上塔楼结构同步施工的运输通道,材料运输及转运操作也较为方便。钢栈桥高 12 m,在此高度下,底层的楼板结构均可照常施工。因此,修筑钢栈桥(图 5.40),既能保障材料运输,又能保证工期,一举多得。

图 5.40 钢栈桥

但在考量修建钢栈桥的决策方面遇到了较大困难。因修建钢栈桥需花费成本 1 000 多万元,甲方必须考虑建筑成本与工期的平衡,所幸领导层最终果断决策,中建八局也不惜代价严格执行,最终钢栈桥的搭建使整个项目的工期提前了一个多月,为项目省下的费用远超钢栈桥构筑成本,产生了巨大的经济效益,以实际成果交出了一份满意的答卷。

嘉滨路原计划的场内运输道路因发现古城墙不能使用,故而新建钢栈桥作为施工通道,经过两个多月的紧张施工通过验收交付使用,如图 5.41、图 5.42 所示。

图 5.41 钢栈桥修建过程

图 5.42　钢栈桥的修筑及验收通车实况图

5.2.5　钢结构工程访谈问题五

问：在钢结构施工中，如何保证构件按时进场？关于构件进场找车难的问题又是如何解决的？

答：渝中区对大型运输车辆的限行规定，给项目钢构件的运输造成很大影响，而且所有运输车辆只能 22:00 后进场，次日 6:00 前离场，若未能及时离场，则只能等到 22:00 后才能离开，要耽误一整个白天的工期，直到对货车司机影响较大。而受施工现场道路及堆场的限制，不允许材料大规模、长时间堆放。

为解决上述问题，采取"点菜式"发运机制，即需要什么材料就下单什么材料，不堆放，不预存，当天送到，当天使用。每一构件均有对应的二维码，所需构件均提前进行规划，根据安装顺序当天发运，当天安装，实现现场零库存。

由于构件加工厂距离项目较远，且构件数量较多，为实现"点菜式"发运，在项目附近的南岸区寻得面积较大的临时堆场，此处距离较近且通行顺畅。

此外，项目现场成立夜间材料管理小组，提前一天对各施工单位的车次进行统计，对运输道路进行统一规划，对使用塔吊进行统一分配，对进出时间进行统一控制。

构件运输存在超大、超宽、超重构件运输困难的情况。为保证项目材料的进场时间，基本上只能依靠公路货运，且所有的构件及材料均被拆卸成满足运输条件的尺寸进行运输。无法拆卸的构件则申请特殊运输，以解决运输难题。

5.2.6　钢结构工程访谈问题六

问：来福士作为重庆市地标性建筑之一，在建设过程中必然会涉及技术创新，请问在如图 5.43 所示的钢结构施工过程中有哪些方面进行了创新？

答:钢结构施工中的技术创新体现在以下 4 个方面:

①观景天桥的大型摇摆支座——解决承重不能扭转的问题。

②减震阻尼器——防止大幅震动,增强稳定性和舒适度。

③超高纪录的提升技术——完成 200 多米的高度提升。

④超厚钢板焊接技术——实现超厚钢板的焊接。

图 5.43　主体钢结构施工安装

5.2.7　钢结构工程访谈问题七

问:在钢结构施工中,可能存在碰撞问题,BIM 技术是如何应用到钢结构设计中的?

答:在来福士项目钢结构建设过程中,专门设置了 BIM 团队,在主体钢结构的施工上充分利用 BIM 软件进行模拟设计成功地解决了碰撞问题,但仍然存在不足,即与幕墙、机电等后期设计未能完美衔接。

在钢结构施工中,BIM 技术主要应用在以下 3 个方面:

第一,劲性柱钢骨节点设计使用 BIM 进行验证。由于项目钢结构几乎都是发散性轴线,无平行轴线,节点的柱、套筒等容易发生碰撞,甚至无法手工安装,因此,使用 BIM 技术进行模拟设计,对容易产生碰撞的特殊部位进行提前设计、修改,以避免现场出现无法施工的情况。

第二,邀请专业 BIM 顾问,对专业钢结构战略、土建钢结构提资进行设计。利用 BIM 统筹规划各种管道的穿插、决定吊顶高度等,由于吊顶高度决定了空间高度,空间如何走线、如何安排、如何管理均大体确定,使用 BIM 提前预测可避免发生空间不够需牺牲吊顶高度、加大大梁截面等问题。机电专业的提资通过 BIM 复核完成。

第三,通过 BIM 与其他专业进行协调。在施工过程中需考虑碰撞问题,使用 BIM 将钢结构做成立体模型,再与其他专业、其他施工部分进行干涉验证,防止出现碰撞情况。

5.2.8　钢结构工程访谈问题八

问：来福士作为一个大型工程，其建设过程必定涉及层层审核与监督制度，您可以谈谈来福士项目钢结构建设管理方面的内容吗？重庆凯德古渝雄关置业有限公司致函表扬了中建八局钢结构公司，请问有哪些行之有效的钢结构施工管理经验？

答：在项目中利用各种管理制度进行统筹协调。

①例会制度。包括设计例会、监理例会、相关方现场巡查例会等（图5.44）例会制度，让各专业、各部门在同一平台上进行交流，使大家保持步调一致，明确各部门目标、任务及难度，集思广益，共同攻坚克难。

图5.44　设计师摩西·萨夫迪和凯德中国副首席执行官曾文星巡查现场

②图纸审核制度。为了赶工期，在土建等其他图纸尚未完工时钢结构图纸就现场出图备料、加工，但由于钢结构带有各种套筒，需与土建钢筋相匹配，如缺乏土建结构配筋图纸便无法进行钢结构连接节点设计，因此需进行图纸审核。图纸审核分为3个层次。第一层次，划分大方向，用于备料。有些钢材备料需要较长时间，若不提前备料，则无法赶上工期。第二层次，继续与土建结构设计协调，对节点进行深化，形成节点深化详图，提前锁定土建结构的节点配筋方式及规格。第三层次，深化详图形成后还需提交公司顾问层层审核。审核目的：首先，提高工作效率，后续不耽误工期；其次，保证工作的有序推进；最后，多层审核以防失误。

③网络图的关键节点控制。通过网络图判断各施工单位的利益。在项目中，网络图根据单体进行单独编制，通过网络图明确关键工作、重点工作。对处于关键线路上的施工单位需进行重点关注，并尽全力支持。

5.2.9　钢结构工程访谈问题九

问：钢结构建设在整个建设中处于极其重要的地位，您可以简要介绍一下钢结构在一个建设项目中的重要性吗？

答:第一,钢结构强度大,抗压、抗拉强度高,可以减少建筑结构的柱截面,增大建筑的有效使用空间面积;第二,钢结构的使用能大大减少混凝土使用量,混凝土抗拉强度低,容易出现裂缝,结构自重比钢、木结构大,且对环境也会造成一定的污染,减少混凝土的使用就是减少对环境的危害,而钢构废弃后仍可重复利用,有些钢结构可以拆解异地重建;第三,钢结构能够实现土建不能实现的结构形式,某些大跨度、超高层建筑,纯钢筋混凝土结构难以实现,而钢结构具有超强韧性,抗震性能好,可以轻松地完成大跨度、超高层的建设。

来福士项目钢结构量大面广,需要整个项目团队密切沟通、通力合作才能顺利完成。钢结构在项目建设中占有举足轻重的地位,其施工部署是整个项目施工部署的关键。首先,钢结构的所有零部件及构件宽度、质量均首屈一指,但凡能够安全运输钢结构材料的道路、设备,运输其他材料均不在话下,能吊动钢结构材料的塔吊,吊装其他材料轻而易举,因此钢结构在整个项目施工部署中起着引领作用,整个项目现场的机械设备配置、运输道路布局、现场临电规划等均以钢结构为主导,包括现场的工序穿插、工期等,钢结构均起着决定性作用。其次,钢结构决定着整个项目的骨架,钢结构对道路、场地、塔吊的部署、后续各专业的招标范围、施工方案、施工成本、工期等均具有较大影响。

5.2.10　钢结构工程访谈问题十

问:您认为我国的钢结构水平与世界先进水平相比,还有哪些差距? 我国还应在哪些方面继续努力?

答:我国钢结构与先进国家相比,在材料研发方面尚有一定差距。目前,我国材料研发比较滞后,材料制造工艺仍需改进。尽管我国粗钢生产排名世界第一,但对环境污染较大,环保工艺、炼钢工艺、设备更新速度仍需不断改进。此外,我国的项目建设需与高校加强合作。高校学者缺乏研究所需的实例数据,研究成果仅停留在理论层面,而项目建设多从经验角度出发,却无严密的理论知识作支撑,无法实现工程项目的技术创新与突破。我们需要不断提高工艺技术,不断进行科技创新。中国作为基建狂魔,建筑领域的世界地位正在逐步提高,赶超先进国家是一个漫长的过程,学会沉淀与积累,我国一定会更强。

第 6 章
观景天桥工程施工及管理

在整个建设过程中,来福士项目团队面临着项目的地势、地质、结构、交通等巨大挑战,其中长 300 m、面积超过 1 万 m² 的空中"水晶走廊"(观景天桥)(图 6.1)是整个项目最大的挑战。

图 6.1　观景天桥效果图

观景天桥在结构上采用了先进的摩擦型支承物和地震挡板,具有良好的抗震性,这种弹性驱动方案比传统方法更能有效地消除风能。受地震和风的影响,塔层之间相互影响、制约,呈现出平洞和转换效果,这是高层建筑间连接结构工程的又一突破。天桥的多段连接部分是从地面整体吊装上去的,这已经不是来福士的技术创新了,对于建筑界来说,这些都是奇迹,堪称"超级工程"。

从建筑难度上看,重庆来福士已经将其发挥到可以挑战吉尼斯世界纪录的级别。每一栋略带弧度上升的建筑体建造起来已经不容易,这组建筑体还在 250 m 的高空横向延展,成功搭起一座长 300 m 的观景天桥。观景天桥是设计师根据重庆的气候和特殊的地理位置量身打造的创意产品,它始于一个全年温控、横贯四塔的空间概念。若仅有一个露天花园则使用受限,但观景天桥可以满足整年的活动和使用,包括观景台、餐厅、娱乐设施等项目。不难想象,景观天桥必将成为市民活动中心,是观赏两江汇聚入海盛景最浪漫的场所之一。

这样一座令人叹为观止的"横向摩天大楼",施工难度和工程亮点屡创国内高层建筑之先河。自 2017 年底观景天桥启动首段钢结构吊装以来,屡受中央电视台、法国电视台第二频道、英国《每日邮报》等海内外媒体的关注。

6.1　观景天桥工程概况

6.1.1　钢结构概况

重庆来福士项目的观景天桥长约 300 m,宽约 30 m,高 22.5 m,建于 T2、T3S、T4S、T5 塔楼屋顶上,离地面约 250 m,总面积约 9 000 m²,设有泳池、观景台、宴会厅、餐厅。观景天桥钢结构重约 1.2 万 t,整个天桥重约 4 万 t,杆件分布错综复杂,被称为"横向摩天大楼"。观景天桥钢结构施工主要包括隔震支座、阻尼器、主体结构、围护结构、钢连桥及钢楼梯等,如图 6.2 所示。

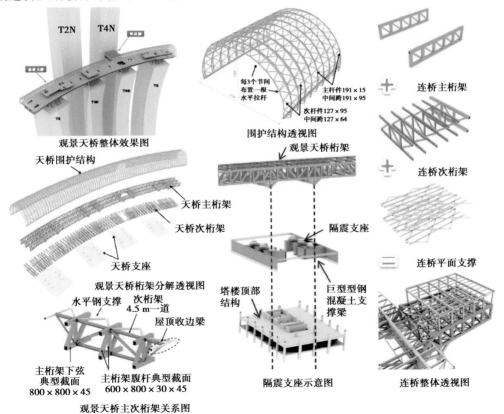

图 6.2　观景天桥结构示意图

6.1.2 隔震支座和阻尼器概况

观景天桥通过 26 个隔震支座与 4 栋塔楼进行连接,其中 T2、T5、T3S 塔楼各 6 个隔震支座,T4S 塔楼 8 个隔震支座,如图 6.3 所示。同时,T2、T5、T3S、T4S 各安装 4 个与隔震支座配合使用的阻尼器,以达到更好的隔震、降低能耗的效果。

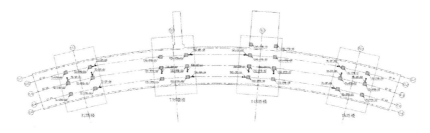

图 6.3　隔震支座及阻尼器布置图

隔震支座主要包括上、下连接板,本体 3 部分,如图 6.4 所示,最重部件约 14 t。隔震支座外形尺寸为圆形,直径为 2 220～2 700 mm,如图 6.5 所示。隔震支座上、下连接板材质为 Q345B,最大设计转角为-0.01 rad。

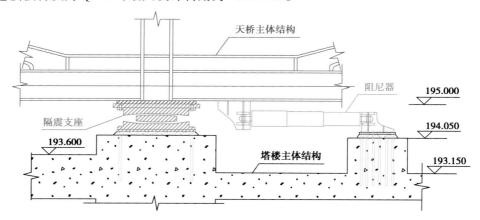

图 6.4　隔震支座与阻尼器位置关系示意图

图 6.5　隔震支座成品照片

6.1.3　观景天桥主体结构概况

观景天桥主要包括连桥和玻璃屋顶,连桥为主结构,支撑桥上所有服务、设备及玻璃屋顶次结构。观景天桥桥面呈弧形,与塔楼群摆放位置相符,如图 6.6 所示。观景天桥桁架结构分为 3 层,从上至下依次是主层结构、机电夹层以及避难层。观景天桥的主桁架为 3 组东西向连续桁架跨越 4 栋塔楼,主桁架之间由水平支撑和钢梁连接,钢柱位于主桁架和钢梁之上,垂直于主桁架方向,间隔 4.5 ~ 6.6 m 布置一道梯形次桁架,连接 3 组主桁架。3 组主桁架东西向布置,桁架杆件截面形式为箱型,次桁架杆件截面形式为箱型、H 型和圆管。观景天桥楼板为混凝土组合楼板。观景天桥主体结构还包括平面内钢支撑、钢柱、钢梁斜支撑、钢楼板等。

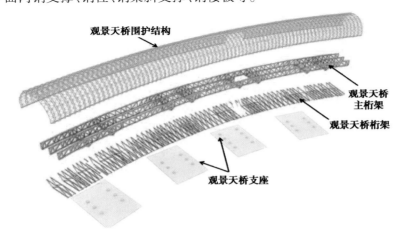

图 6.6　观景天桥桁架分解透视图

6.1.4　围护结构概况

观景天桥围护结构横跨于天桥上方,为曲面网格结构。围护结构横断面呈拱形,高约 16 m,跨度 31 m。由横向跨的主杆件和纵向跨的次杆件焊接组成,杆件全部采用圆管。

6.1.5　钢连桥概况

观景天桥与两栋北塔楼之间分别有一座钢连桥,其中观景天桥与 T4N 之间有一宽度约 20 m 的宽连桥与酒店区域相连,观景天桥与 T3N 之间有一宽度约 5 m 的窄连桥与住宅区域相连,用途为消防疏散通道。连桥结构分为上、下两层,上层为矩形框架结构,下层为桁架结构,如图 6.7 所示。

为避免南北塔楼之间通过连桥相互影响,并且考虑连桥不会产生跌落,两座钢连桥均采用悬挑方案,连桥端部通过长为 500 mm 的抗震缝进行连接。如图 6.8 所示为观景天桥结构焊接施工。

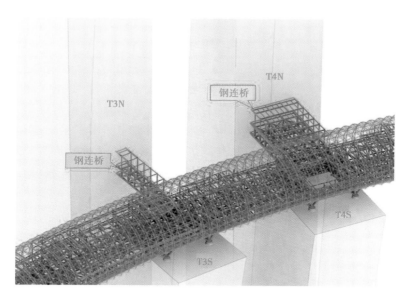

图 6.7 钢连桥三维示意图

图 6.8 观景天桥结构焊接

6.1.6 楼板概况

观景天桥楼板由钢板楼板、压型钢板与混凝土组合楼板组成钢楼板与组合楼板，主要分布在避难层避难区（图 6.9）、避难层设备区（图 6.10）、机电夹层、主层及主层夹层。钢板楼板规格型号为厚 8 mm 的 Q345B 钢板。钢板下部设置角钢加劲肋，材质为 Q345B。组合楼板采用闭口型压型钢板的组合楼板形式，如图 6.11 所示。

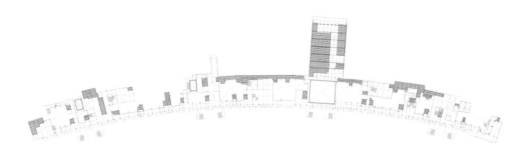

图 6.9　钢楼板分布(避难层避难区)

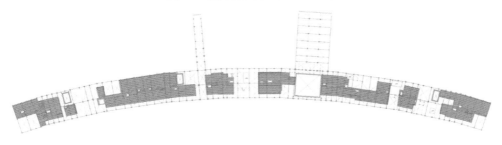

图 6.10　钢楼板分布(避难层设备区)

图 6.11　观景天桥单元板吊装

6.1.7 幕墙概况

(1)幕墙设计概况

幕墙设计概况类见表6.1。

表6.1 幕墙设计概况

序号	类型	级别
1	基本风压(50年一遇)	$0.35\ \mathrm{kN/m^2}$
2	地面粗糙度	B类
3	地震设防烈度	6度
4	设计基本地震加速度	$0.052g$
5	建筑物耐火等级	一级
6	抗风压性能	4级
7	水密性能	2级
8	气密性能	3级
9	平面内变形性能	1级

(2)幕墙系统分析

幕墙系统分类见表6.2,系统分布示意如图6.12所示。

表6.2 系统分类

系统名称	系统介绍	重点
WT01	观景天桥玻璃采光顶系统—铝合金玻璃屋顶—半单元系统	防水
WT02	金属屋顶—半单元系统	防水
WT03	观景天桥底部弯弧板系统—铝单板幕墙及白页—半单元系统	提升安装就位
WT04	观景天桥两端立面玻璃幕墙系统—玻璃幕墙—框架式系统	要对各个面板、钢架安装尺寸进行控制
WT05	入口门厅—玻璃幕墙—框架式系统	做好门面
WT06	端部封板系统—铝单板幕墙—框架式系统	选择好施工措施
WT07	室外栏杆—玻璃栏杆—框架式系统	室外栏杆过高,注意安全问题;做好成品保护
WT07A	室外栏杆—玻璃栏杆—框架式系统	室外栏杆过高,注意安全问题;做好成品保护
WT07B	室内栏杆—玻璃栏杆—框架式系统	室外栏杆过高,注意安全问题;做好成品保护

续表

系统名称	系统介绍	重点
WT08	连桥玻璃幕墙系统—玻璃幕墙—框架式系统	精确把握玻璃和铝板接口位置的胶缝宽度
WT09	检修通道—玻璃栏杆—框架式系统	做好成品保护
WT10	擦窗机检修板及楼梯井	安装过程严格控制对接精度,做好安全措施
WT11	观景平台	高空施工,安全风险大

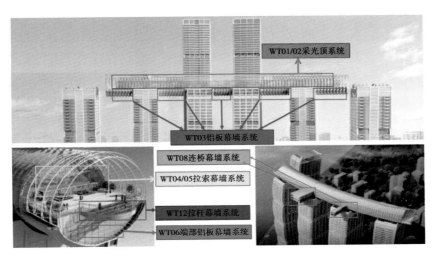

图 6.12　系统分布示意图

观景天桥在施工过程中设置一条施工通道,如图 6.13 所示。

图 6.13　观景天桥顶部施工通道

6.2 观景天桥工程施工纪实

　　根据结构特点,将观景天桥划分为 11 个施工段(其中第八步安装包含 4 个施工段),其中塔楼顶部的 4 段(第一步安装、第二步安装、第四步安装、第六步安装)采用高空原位拼装施工技术,塔楼间的 3 段(第三步安装、第五步安装、第七步安装)采用超大型液压整体同步提升技术。4 个悬挑段采用高空自延伸施工技术。根据本工程的特点以及综合考虑整体进度安排、幕墙系统形式、材料运输距离以及运输路线,将本工程划分为 3 个施工段,每个区域按照由上至下的顺序进行施工,保证各工序有效衔接并严格验收控制。整体施工顺序:从中间往两端同步进行幕墙施工。垂直方向上,首先施工顶部的采光顶系统,其次进行底部施工二段的施工。单一施工段整体工序如图 6.14 所示。

图 6.14　钢结构施工顺序

　　观景天桥横跨 4 栋塔楼,三段连接(图 6.15),两端悬挑,总用钢量约 1.2 万 t。三段连接段先在裙楼屋顶完成拼装,分 3 次以液压同步整体提升,每次提升约 1 100 t,待吊装的每一段预先在地面组装平台进行主次桁架及各个次杆件的安装,再完成外围护结构安装,之后安排试提升,检查问题,改进吊装方案,完成后进入观景天桥正式吊装阶段(图 6.16)。第一段吊装就位后依顺序安排第二段、第三段吊装,最后三段观景天桥全部吊装至高空焊接完成拼接。高空焊接工作量大,整个项目的焊丝总长度达 25万 km,其中观景天桥钢结构焊丝用量占 1/7,几乎能绕地球一周。

　　作为国内首座"横向摩天大楼",经过精确的施工模拟计算分析,观景天桥采取"地面分段散拼,液压同步整体提升,高空分段合龙"的施工方案,积极开展技术攻关,应用 BIM 技术、三维深化设计等多项措施确保提升顺利进行。每段连接提升约 1 100 t,在地面拼装后,以每小时 3 m 的速度缓慢提升至 250 m 高空,堪称世界之最,观景天桥吊装就位过程如图 6.17—图 6.30 所示。

图 6.15　施工分段布置图

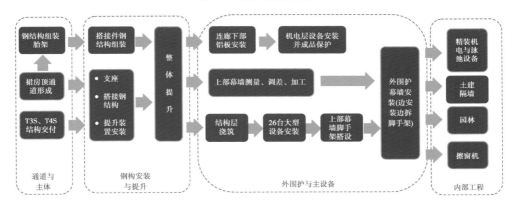

图 6.16　单一施工段整体工序

图 6.17　钢平台安装

图 6.18 主次桁架安装

图 6.19 主次桁架、次杆件安装

图 6.20 围护结构安装

图 6.21　首次整体提升前提升段鸟瞰图

图 6.22　试提升

图 6.23　提升至 L7 层

图 6.24　提升至 L22 层

图 6.25　提升至 L42 层

图 6.26　提升过程

图 6.27　提升就位

图 6.28　第二、第三提升段提升

图 6.29　提升完成

图 6.30　观景天桥钢结构成形

如此高空,如何保持稳定性? 为确保观景天桥的承重要求,项目在 4 栋塔楼顶部共设置 26 条巨梁,作为观景天桥的底座。巨梁最大尺寸宽为 2 m、高 5 m,最大一块重量超过 250 t,其重量是西南片区之最。正因为有了这些巨梁,才能稳稳地托起炫酷的观景天桥。同时,观景天桥使用摩擦摆式支座和阻尼器并行的创新思路,有效解决了风力和地震力作用的结构安全难题,合理地解决了风、地震作用下塔楼和观景天桥之间"抗"与"放"的结构难题。

6.3 观景天桥工程重点工作访谈纪实

针对观景天桥施工中的有关问题,采访了中建科工集团重庆公司总工程师刘军(图 6.31)。

图 6.31 刘军

刘军,高级工程师,四川大学土木工程专业工学学士,中建科工集团重庆公司总工程师。曾负责重庆来福士项目观景天桥工程重大问题的协调、处理、决策及组织,制订并指导实施项目施工方案,精心策划超高、超长观景天桥的整体超限提升施工。

6.3.1 观景天桥工程访谈问题一

问:观景天桥位于两个标段的 4 栋塔楼顶部,支座之间的相对位置会受到塔楼变形、施工误差的影响,请问该项目是如何保证整体测量精度的?

答:为了消除群塔对观景天桥造成的影响,需要做好两个"统一"。一是统一测控点,将最先封顶的中间两栋塔楼的测量控制点在楼顶进行闭合平差,把修正后的测控点作为整个观景天桥的测控基准点;二是使用后施工工艺,统一进行支座标高和定位调整,每个支座与其上的 16 个孔洞不仅要一一对应,还要预留可调节空间。在观景天桥施工前,要考虑各塔楼绝对沉降量和相对沉降差,确保结构位于同一水平标高。

6.3.2 观景天桥工程访谈问题二

问:观景天桥通过两座悬挑钢连桥与两座 350 m 高的北塔楼联通,连桥悬挑长度大,最大起拱值达 100 mm,施工完成后,端部下挠标高要求正好与北塔楼楼面标高相同,如何做到这一点?

答：反变形预调处理与变形控制是关键。主要从 3 个方面进行钢连桥起拱控制，先根据实际安装顺序，进行施工模拟计算，得出每一分段的起拱值，再按照施工模拟预调值，进行起拱状态深化建模，最后采取合理的焊接顺序和对称焊的方法，减小对变形的影响。

6.3.3　观景天桥工程访谈问题三

问：4 万 t 的天桥，在建筑上实属罕见，在风、地震等自然因素的影响下，怎样确保观景天桥的安全？

答：观景天桥通过 26 个摩擦摆式支座支撑于 4 栋塔楼顶部，单个支座最大直径达 2 700 mm，重约 14 t，最大承载能力为 3 300 t，使用寿命达 100 年。观景天桥与群塔属于高位连接，采用摩擦摆和阻尼器这种动态连接，地震时，在动能与势能的转换过程中，通过摩擦阻力和阻尼消耗能量，达到减震的目的，能有效地解决风、地震作用下，塔楼与观景天桥之间"抗"与"放"的结构难题。

6.3.4　观景天桥工程访谈问题四

问：摩擦摆式支座在使用阶段和施工阶段都需要控制转角，整体提升结束后进行胎架卸载，卸载瞬间是支座转角的最不利工况，如何确保卸载过程中支座的安全？

答：为避免支座在桁架安装过程中发生水平位移，需在安装支座时设置限位措施，如图 6.32 所示。根据支座自身结构特点，在支座侧面安装 8 块限位板，板厚为 50 mm，下端与支座下座板采用全熔透焊缝连接，内侧与支座滑动部件紧贴，防止支座在桁架安装过程中产生滑移、转角等，施工过程中进行实时转角位移监测，如图 6.33 所示。

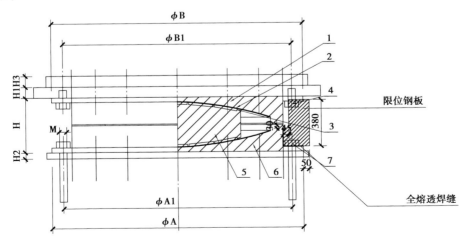

图 6.32　支座水平位移限位措施

图 6.33 转角位移监测

6.3.5 观景天桥工程访谈问题五

问：观景天桥提升段下部是大面积的裙楼天窗,如何保证观景天桥提升段在裙楼屋面高效地拼装,同时还不影响下部裙楼作业,并满足工期要求?

答：为解决大吨位提升结构在有限、狭小空间的拼装施工,本项目为 3 个观景天桥提升段设计了 3 个拼装钢平台,如图 6.34 所示。在钢平台上进行观景天桥提升段拼装,一方面保证工人在拼装焊接时有足够安全的操作平台,与下部裙楼形成安全隔离;

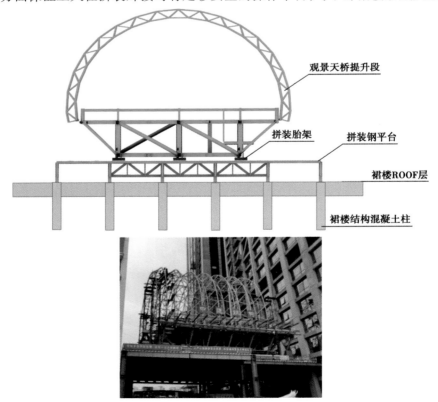

图 6.34 多功能拼装钢平台使用示意图

另一方面可以作为天窗区域的硬防护。观景天桥施工期间,下部裙楼天窗的机电、装饰等均可正常进行,能为业主节约大量工期。钢平台还可作为幕墙单位拼装观景天桥外围护幕墙用,相比利用胎架拼装具备更多功能,且更安全、更方便、更快捷,整体施工效能提高了25%～30%,是重庆来福士如期开业的关键技术。

拼装钢平台结构体系:钢柱+桁架+钢梁+铺板。钢平台桁架平面定位与观景天桥纵向主桁架定位相同,荷载传递直接简单,最终所有荷载传至裙楼混凝土柱上。经计算,不用再进行额外结构加固,也不影响下部裙楼工作面移交。

6.3.6 观景天桥工程访谈问题六

问:单个观景天桥提升段长约36 m,最大质量约1 100 t,提升至250 m的高空,已超出规范中最大100 m的极限高程,而且项目位于两江交汇处,塔楼型布置形成了"穿堂风",观景天桥提升段正好位于风口处,突风、大风经常发生,提升施工受风荷载的影响极大。如何确保提升施工安全?

答:按照被提升结构晃动不超过300 mm的原则进行计算,最终确定在4级风以下可以进行正常提升,一旦超过4级风,立即停止提升。同时,夜间停止提升后,需将观景天桥提升段与塔楼进行拉结固定。持续提升过程中,需时刻保障各提升点的标高偏差在可控范围内。为保证提升安全,项目部使用激光测距仪,实时监测提升高度。

提升前在观景天桥提升段上预留抗风拉结缆风绳(图6.35),风力等级超过4级或提升晃动较大时,采取相应的应急抗风拉结措施,将观景天桥提升段与塔楼拉结固定,以保障3次提升的顺利实施。

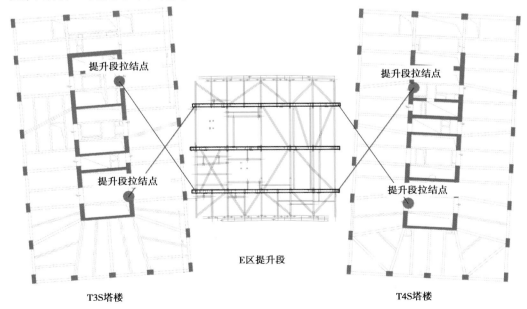

T3S塔楼　　　　　　　　　　　E区提升段　　　　　　　　　　　T4S塔楼

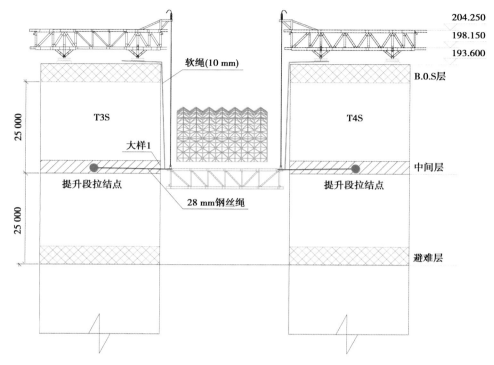

图 6.35　抗风拉结措施示意图

6.3.7　观景天桥工程访谈问题七

问：各塔楼及各工序的施工方法和施工顺序不同，在施工过程中，结构和措施的应力应变是否和施工模拟结果一致？在 40 000 t 荷载逐步增加的过程中，结构是否安全？怎样实时监控？

答：根据结构和施工特点，我们对主桁架、支座、围护结构、提升措施的应力应变及支座转角进行重点监测。尤其在整体提升过程中，进行全程动态数据采集分析，实时监测，确保提升安全。

长期监测结果与施工模拟结果一致，证明了施工方案的合理性，整个施工过程安全可控。单次提升合龙对接口多达 38 个，需将精度控制在毫米级，确保构件有效连接，这不仅需要很高的施工精度，同时对构件的加工精度也提出了更高要求。

6.3.8　观景天桥工程访谈问题八

问：大跨度、大悬挑的复杂空间结构，对应的是极其复杂的构件。复杂构件形态各异，如何确保焊接质量？

答：主要从 3 个方面进行控制：一是采取防层状撕裂的节点构造设计，将单边 V 形坡口改为双单边 V 形坡口和 Y 形坡口，避免或减少使母材板厚方向承受较大的焊接收缩应力；二是根据研究成果优化焊接工艺参数，使焊接温度场、残余应力与形变达到理论最优,保证了焊接接头和力学性能;三是优化焊接顺序。例如,X 形交叉节点,确保板厚方向的焊接应力能自由释放。最终,复杂构件的焊接作业全部由有 15~20 年焊接经验的优秀焊工完成,确保一次通过。

6.3.9　观景天桥工程访谈问题九

问:幕墙截面呈椭球形,且存在大跨度的悬挑结构,最大悬挑 21 m,采用哪种施工措施完成了本项目的幕墙施工?

答:按从上至下的顺序将观景天桥幕墙工程划分为两个施工区:

施工一区为观景天桥上半弧的玻璃铝板组合采光顶,采用在室内搭设阶梯式满堂脚手架与悬挑脚手架结合进行施工。脚手架两侧采用工字钢进行悬挑,搭设到外侧,玻璃从上到下安装。安装到两侧位置时,悬挑脚手架一边安装,一边往下拆,以保证玻璃面板顺利安装。

施工二区为观景天桥下半弧两侧的铝板系统,弧度较大,采用整体提升方式进行安装。首先,在地面搭设胎架,进行龙骨及面板的组装;其次,在观景天桥上布置卷扬机及吊挂滑轮组,进行铝板单元的整体吊装。

6.3.10　观景天桥工程访谈问题十

问:整体幕墙呈曲面螺纹造型,共计 9 296 个板块,82 个小单元,每一小单元均为折线拼弧,包含 62 种规格的玻璃和铝板,为了达到折线拼弧的曲面效果,如何保证材料加工及幕墙安装精度?

答:针对幕墙的施工精度要求,我们从测量放线工作进行控制。由于本工程立面造型较复杂,故采用全站仪进行测量放线,现场测量精度高能保证加工厂加工件与现场构件尺寸保持高度一致,保证一次性安装到位,不出现返工。所以,我们对测量放线工作非常重视,尽最大努力提高测量放线的精度。

测量与复核基准点:测量放线各阶段使用点位布控必须统一,依据是总承包提供的测量控制点图及点位。将测量控制点布置完成后,对测控点进行平差校核,并绘制幕墙测量控制点位图(测量控制点位图在施工总图中绘制),将测控点三维数据及测量控制点位图一道交与总承包及监理进行验线,验线无误后方能使用。这一过程做好签字手续。并将布控成果交与总包供各单位共享,保证各单位施工的一致性。

结构返尺,建立三维模型:利用返尺片对结构外轮廓线进行返尺,并记录各点三维坐标,利用三维点建立三维模型,并对模型进行调整,最后提取放样点坐标。

布设测量控制点:将上一步提取的测量控制点进行放样,并对放样点进行投影,同时记录投影点的标高。

定位:利用脚架和线锤进行定位,定位完成面控制点。

龙骨安装:利用完成面控制点进行龙骨安装,为了及时、准确地观测到施工过程中节后位移的准确数据,必须每天对现场结构进行复查,将检查数据及时反馈给设计人员作出对应解决方案。

玻璃板块下单:针对本工程 WT-1 玻璃采光顶系统玻璃的下单,我们使用全站仪精准测量定位,将测量尺寸反馈给设计人员,运用 BIM 软件完成深化设计、计料和提料等关键工序。

6.3.11 观景天桥工程访谈问题十一

问:材料运输主要依靠塔吊,幕墙施工阶段同时存在多个分包施工,并且幕墙施工工期紧张,塔吊使用紧张,如何保证施工效率?

答:塔楼施工的垂直运输均依赖于总承包的塔吊,因此各专业对塔吊的使用需求比较频繁。为保证工程的顺利实施,提前申报幕墙构件垂直运输安排计划,由总承包对塔吊使用情况进行统计。一般来说,我们提前一天申请塔吊使用计划,便于总承包统一管理。

6.4 观景天桥工程重要节点

①2017 年 12 月 13 日——观景天桥首次吊装,如图 6.36 所示。

图 6.36 2017 年 12 月 13 日观景天桥首次吊装仪式(业主凯德公司代表合影)

②2017 年 12 月——250 m 高的观景天桥第一段整体吊装完成,如图 6.37 所示。

③2018 年 10 月——观景天桥主体钢结构施工完成。观景天桥的全面合龙是我国钢构在建筑领域的又一次突破,如图 6.38 所示。

④2020 年 5 月 30 日——正式对外开放的重庆来福士探索舱·观景台,之后陆续开放俱乐部、空中花园餐厅、酒吧、无边际游泳池等,如图 6.39 和图 6.40 所示。

图 6.37　2017 年 12 月 250 m 高的观景天桥第一段整体吊装完成

图 6.38　2018 年 10 月观景天桥主体钢结构施工完成

图 6.39　观景天桥观景游泳池对外营业

图 6.40　观景台

第 7 章
机电工程施工及管理

7.1 机电工程现场施工纪实

来福士项目机电工程的工作范围包括电气系统、给排水系统、暖通空调系统、消防系统、楼宇自控系统、安防系统以及能源管理系统、全派梯系统、具有反向寻车功能的车位引导系统、住宅智能家居等,如图 7.1 所示。

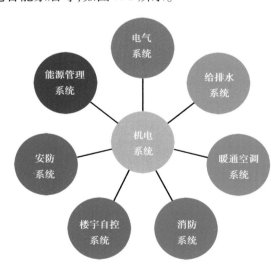

图 7.1 机电系统结构

7.1.1 电气系统

①由供电局从两个不同的 220 kV 变电站提供电源到重庆来福士 110 kV 变电站,再配电至各住宅、商业等变配电房,经 10/0.4 kV 变压器降压为来福士项目所有业态供电。

②项目共配置 4 台应急发电机。

③重要场所照明和公建部分应急照明采用 EPS 设备作为供电电源,以确保供电可靠性。

7.1.2 给排水系统

①生活给水:市政供水分东、西两路,为各个业态的水箱供水,再由各个水箱传输至末端用水点。

②排水系统:生活污水由分布在地库各区域内的一体化提升设备或重力排至市政管网集中处理,含油污水由隔油池进行处理后排至市政管网集中处理。

③雨水回收系统:分东、西部两套设备,用于绿化灌溉。

④生活热水系统:仅酒店部分含生活热水系统。来自空调水的热源在各个换热机房内由容积式换热器进行换热,提供生活热水(55~60 ℃)。

7.1.3 暖通空调系统

(1)裙楼和地库商场部分暖通空调系统

暖通空调系统分东、西部 2 个制冷换热站和东、西部 2 个制热换热站,板换二次侧冷水泵共 14 台,东、西部各 7 台;板换二次侧热水泵共 4 台,东、西部各 2 台;冷水系统24 h 不间断供应。

空调通风系统如图 7.2 所示,AHU+PAU 共计约 180 台,吊柜机及 FCU 等共计2 500 余台,厨房通风系统共计 200 余台,其他普通通风系统及防排烟系统共计 700余台。

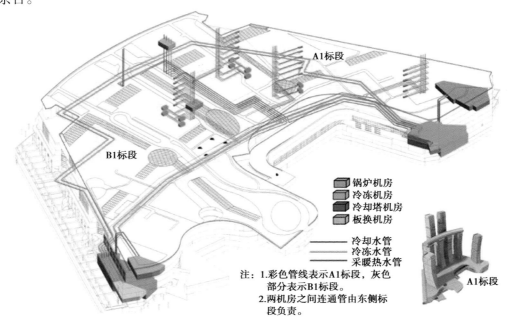

图 7.2 暖通空调系统

（2）酒店

雅诗阁酒店与洲际酒店分别拥有低区冷热源、低区空调水系统、高区冷热源、高区空调水系统、空调风系统、厨房通风系统。雅诗阁酒店拥有泳池热泵系统设备 2 台、通风系统及防排烟系统设备 40 台；洲际酒店拥有泳池热泵系统设备 2 台、通风系统及防排烟系统设备 200 余台，还拥有蒸汽系统，2 台锅炉，为酒店洗衣机房提供蒸汽。

（3）办公部分

塔楼 T4S（L3～L23）和 T3S：办公楼为出售形式，户内空调形式为新风+多联机系统，新风采用热回收式空调机组，新风与卫生间的集中排风进行热交换达到节能效果，新风不自带冷源或热源。

塔楼 T4N（L2～L41）+观景天桥观景平台和泳池会所部分含有冷热源、空调水系统、空调风系统、泳池热泵系统 4 台设备，通风系统及防排烟系统共约 150 台设备。

7.1.4 数字楼宇系统

①楼宇自控系统为霍尼的 WEBS N4 楼宇自控管理系统，网络控制器型号为 WEB-8000，现场 DDC 控制器型号为 PUB6438SR，拓展模块 SIO12000、SIO6042、SIO4022。

②每栋塔楼及不同业态部分分别设置独立楼宇设备管理系统，对各自区域内各种机电设备进行监视和控制。

③T1/T2/T3N/T5/T6 住宅业态，点数为 3 069 个，主要控制机电系统为照明、空调、送排风以及给排水系统。

④T4S 公寓，点数为 772 个，另有 114 台风机盘管（通信协议方式），主要控制机电系统为照明、空调、送排风以及给排水系统。

⑤T3S/T4S 办公楼，点数为 968 个，另有 35 台风机盘管（通信协议），主要控制机电系统为照明、空调、送排风、给排水以及水平衡系统。

⑥T4N 酒店，点数为 1 400 个，风机盘管 218 台，主要控制机电系统为照明、空调、送排风、给排水以及排油烟系统。

⑦地库裙楼和 T4N 办公楼，点数为 15 049 个，风机盘管 3 957 台，商铺 CAU 为 727 台，主要控制机电系统为照明、空调、送排风、给排水、排油烟以及水平衡系统。

7.2 消防安全工程纪实

7.2.1 项目消防设计概述

项目建设用地地形为梯形，北面东西宽约 220 m，南面东西宽约 495 m，南北长约 310 m。原始地貌南高北低，高差变化较大，场地标高由南至北为 223～195 m，竖向高差最大值为 28 m。

裙楼及地下室主要业态为商业、设备机房、停车位等。原始地貌南高北低,高差变化较大,南侧地面标高 201.5;北侧地面标高 224.6,裙楼剖面及业态如图 7.3 所示。

楼层	层高/m	使用功能	建筑面积/m²	停车数
吊1层	13.5	商业、宴会厅、会议	30257.81	-
吊2层	6.0	商业、影院、地铁站	51861.57	-
吊3层	5.5	商业、影院、地铁站	58887.23	-
吊4层	5.5	商业、物管用房	55090.34	-
吊5层	6.0	商业、渡轮码头出发、到达大厅	59869.67	-
吊6层	6.0	商业、住宅、酒店、办公、公寓及酒店大堂入口、渡轮码头、公交车站、各功能车辆上下落客区	65645.88	-
地下1层	5.5	机动车停车库、公交车站、设备机房、后勤用房、垃圾收集中心、卸货区	74848.18	775
地下2层	4.0	机动车停车库、设备机房、后勤用房	71411.69	1100
地下3层	4.0	机动车停车库、设备机房、后勤用房	71985.69	1332

图 7.3 总体平面图

(1)消防车道

裙楼四周被市政道路包围,形成环形消防车道,并在东、西两侧设置消防扑救场地。塔楼通过裙楼屋顶设置环形消防车道,并按现行设计规范布置消防扑救场地,如图 7.4 所示。消防车转弯半径大于 16 m。

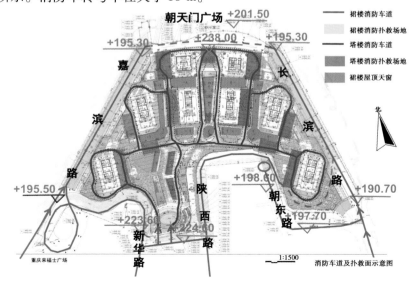

图 7.4 消防车道及扑救面示意图

（2）建筑信息总体情况

重庆来福士项目各业态分部及裙房信息，见表 7.1 和表 7.2。

表 7.1　建筑信息汇总

部位	建筑信息	建筑功能	消防定性
S1—S6	6 层大型坡地建筑	商业、餐饮、宴会厅、健身、超市及娱乐功能	大型商业建筑
B3—B1	3 层地下停车库	停车库及设备用房	Ⅰ类车库
T1	46 层 180.78 m	住宅	一类高层住宅楼
T6	46 层 180.78 m	住宅	一类高层住宅楼
T2	47 层 189.4 m	住宅	一类高层住宅楼
T5	47 层 189.4 m	住宅	一类高层住宅楼
T3N	73 层 302.7 m	住宅	一类高层高级住宅楼
T3S	40 层 189.2 m	办公	一类高层办公楼
T4N	70 层 302.75 m	办公（1~43 层）、酒店（44~70 层）	一类高层综合楼
T4S	43 层 189.2 m	办公（3~23 层）、公寓式酒店（1~2 层,24~43 层）	一类高层综合楼
观景天桥	3 层（避难层、主层及夹层）	观光区、高级餐厅、酒店接待大厅、健身会所等	一类高层综合楼

表 7.2　裙楼信息汇总

楼层	层高/m	使用功能	建筑面积/m²	停车位/个
吊 1 层	13.5	商业、宴会厅、会议	30 257.81	—
吊 2 层	6.0	商业、影院、地铁站	51 861.57	—
吊 3 层	5.5	商业、影院、地铁站	58 887.23	—
吊 4 层	5.5	商业、物管用房	55 090.34	—
吊 5 层	6.0	商业、轮渡码头出发、到达大厅	59 869.67	—
吊 6 层	6.0	商业、住宅、酒店、办公、公寓及酒店大堂入口、轮渡码头、公交车站、各功能车辆上下落客区	65 645.88	—
地下 1 层	5.5	机动车停车库、公交车站、设备机房、后勤用房、垃圾收集中心、卸货区	74 848.18	775
地下 2 层	4.0	机动车停车库、设备机房、后勤用房	71 411.69	1 100
地下 3 层	4.0	机动车停车库、设备机房、后勤用房	71 985.69	1 332

7.2.2 裙楼简介

重庆来福士裙楼商场分部剖面,如图 7.5 所示。

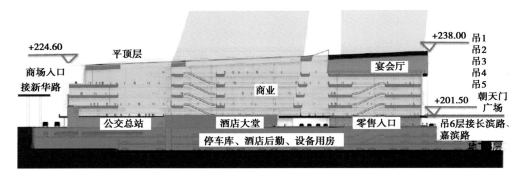

图 7.5 裙楼剖面图

(1)地下三层

本层主要功能为人防地下车库,如图 7.6 所示。消防均按现行规范设计。

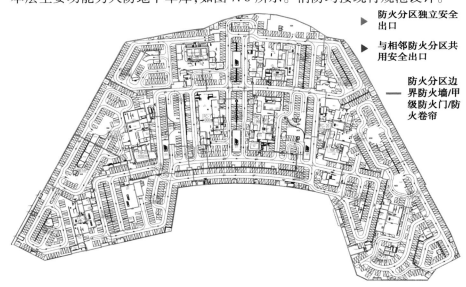

图 7.6 地下三层平面设计图

(2)地下二层

本层主要包括人防地下车库及设备用房,如图 7.7 所示。消防均按现行规范设计。

(3)地下一层

本层主要包括地下车库、后勤辅助用房及设备用房,如图 7.8 所示。消防均按现行规范设计。

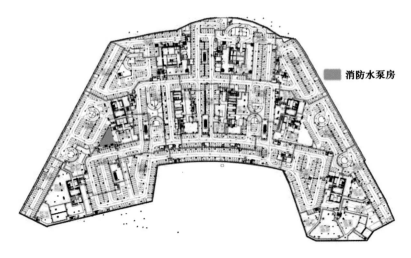

消防水泵房

图 7.7　地下二层平面设计图

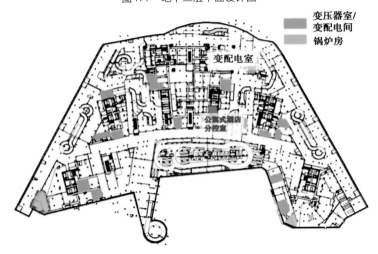

变压器室/
变配电间
锅炉房

变配电室

公寓式酒店
分控室

图 7.8　地下一层平面设计图

　（4）裙楼吊 6 层

　　本层主要包括架空疏散集散区、各功能区入口大堂、巴士站及其停车库，如图 7.9 所示。地下各层及裙楼地上各层人员主要通过本层的架空疏散集散区疏散至室外，如图 7.10 所示。南侧巴士站独立疏散，即向上通过吊 5 层南侧室外平台疏散至室外，如图 7.11 所示。

　（5）裙楼吊 5 层

　　本层主要包括商业区和轮渡码头，如图 7.12 所示。人员疏散为以下 3 个方向：向下疏散至吊 6 层通往室外、北侧直接疏散至朝天门广场、南侧通过高架市政道路下的室外平台疏散至朝东路，如图 7.13 所示。

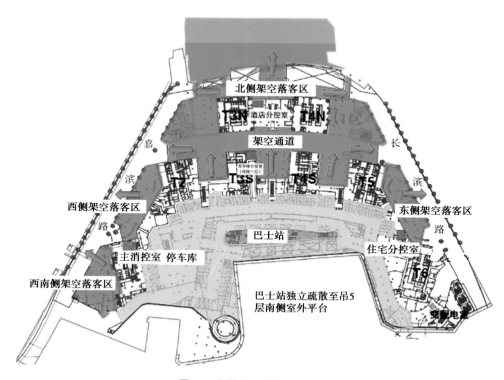

图 7.9　裙楼吊 6 层平面设计图

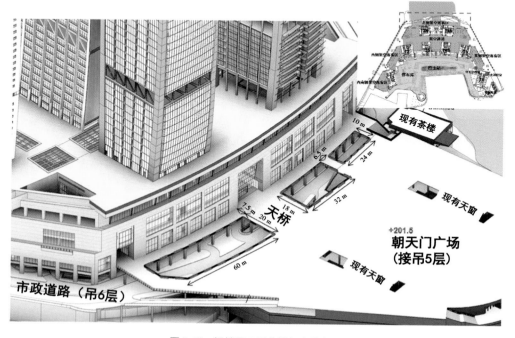

图 7.10　裙楼吊 6 层北侧架空落客区

图 7.11　裙楼吊 6 层架空通道

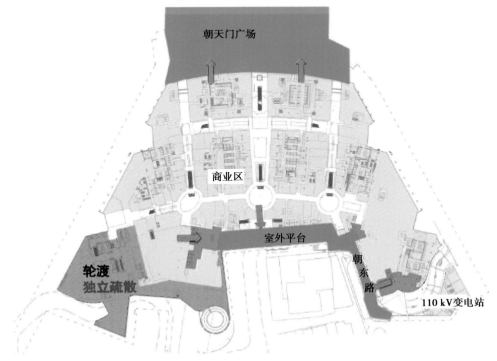

图 7.12　裙楼吊 5 层平面图

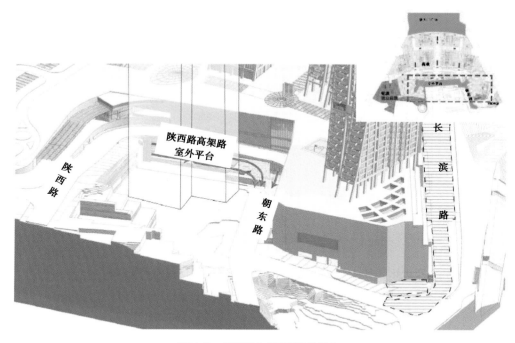

图7.13 裙楼吊5层南侧室外平台

（6）裙楼吊4层

本层主要功能为商业区,如图7.14所示。人员疏散为以下两个方向:向下疏散至吊6层通往室外、西南侧通过高架市政道路下的室外平台疏散至嘉滨路,如图7.15所示。

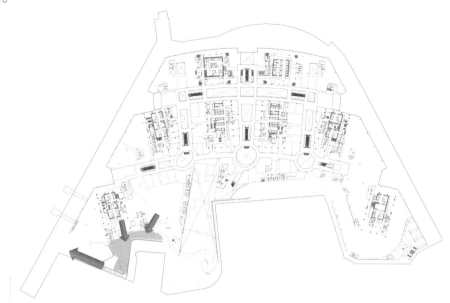

图7.14 裙楼吊4层

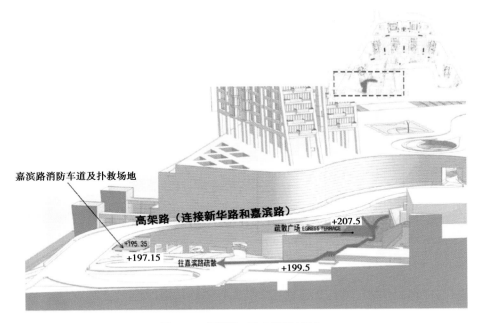

图 7.15　裙楼吊 4 层南侧室外平台

（7）裙楼吊 3 层

本层主要包括商业区和地铁始末站，如图 7.16 所示。人员疏散有两个特点：商业区，向下疏散至吊 6 层通往室外；地铁始末站独立疏散，即向上通过吊 2 层疏散至室外。

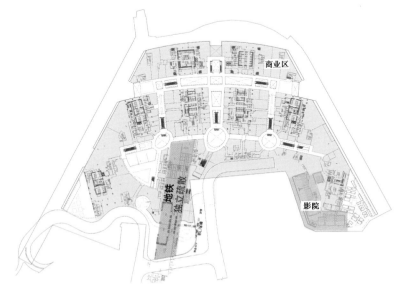

图 7.16　裙楼吊 3 层

商业区与地铁站通过防火墙进行分隔。功能连通部位设置宽度不大于 8 m，进深不小于 6 m 的走廊，并在两端设置防火卷帘门以确保防火分隔，如图 7.17 所示。

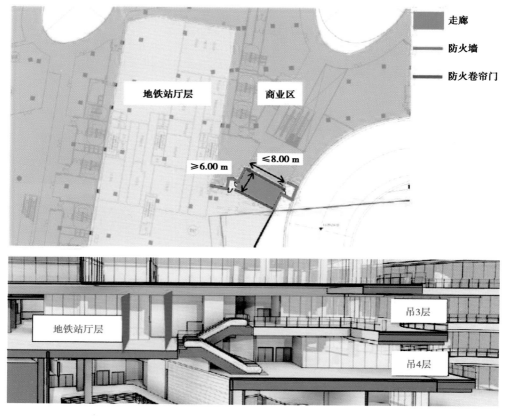

图 7.17　商业区与地铁站之间的防火墙

（8）裙楼吊 2 层

本层主要包括商业区和地铁始末站，如图 7.18 所示，两者通过防火墙进行分隔。人员疏散有两个特点：商业区，向下疏散至吊 6 层通往室外；地铁始末站独立疏散，即向下疏散至吊 5 层出室外。

（9）裙楼吊 1 层

裙楼各层均设置疏散通道。本层主要为商业区，如图 7.19 所示。北侧设有单间面积超过 400 m² 的宴会厅。人员疏散有两个特点：商业区（含宴会厅），向下疏散至吊 6 层通往室外；宴会厅东、西两侧通过下沉式广场的室外楼梯向上疏散至裙楼屋顶，作为按要求设置的独立疏散口。

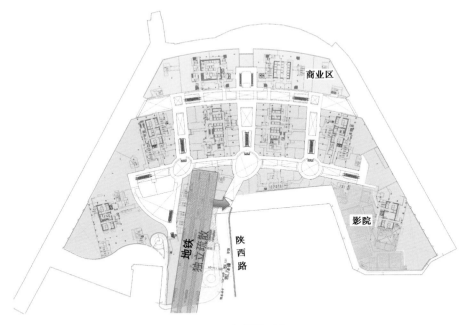

图 7.18　裙楼吊 2 层

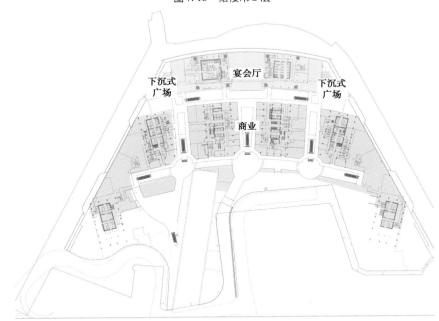

图 7.19　裙楼吊 1 层

7.2.3　高层塔楼简介

重庆来福士共由 8 栋塔楼组成,其中,5 栋住宅、1 栋办公楼、2 栋办公楼与酒店混合,具体见表 7.3。

表7.3　高层塔楼简介

部位	建筑信息/层	建筑功能
T1	46	住宅
T6	46	住宅
T2	47	住宅
T5	47	住宅
T3N	73	住宅
T3S	40	办公
T4N	65	办公(1～40层)、酒店(41～65层)
T4S	43	办公(3～23层)、公寓式酒店(1～2层,24～43层)

T3N/T4N 塔楼高度超过 250 m,如图 7.20 所示。

图7.20　T3N/T4N 塔楼

根据《建筑设计防火规范(2018 年版)》(GB 50016—2014)第1.0.6 条的规定,"高度大于 250 m 的建筑,除应符合本规范的要求外,尚应结合实际情况采取更加严格的防火措施,其防火设计应提交国家消防主管部门组织专题研究、论证。"需提请专家评审。

加强措施:设置重力给水系统,楼板耐火时间增大为 2 h,T3N 住宅塔楼全喷淋覆盖,消防扑救场地进深由 18 m 加宽至 21 m,消防扑救面总长度大于建筑周长的1/3。

7.2.4　观景天桥简介

楼层:主层、夹层、避难层/设备层,如图 7.21 所示。

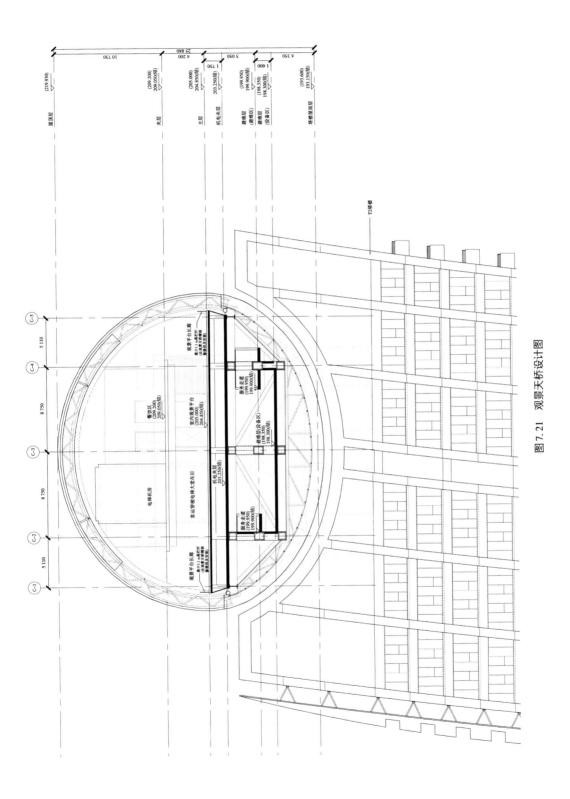

图 7.21　观景天桥设计图

高度:14.9 m。

距离地面高度:200 m。

长度:300 m。

宽度:28 m。

功能:酒店大堂、会所、观光、餐饮。

连接 T2、T3N/T3S、T4N/T4S、T5 塔楼。

主层面积 8 722 m², 夹层面积 1 202 m², 避难层 5 730 m², 如图 7.22 所示。

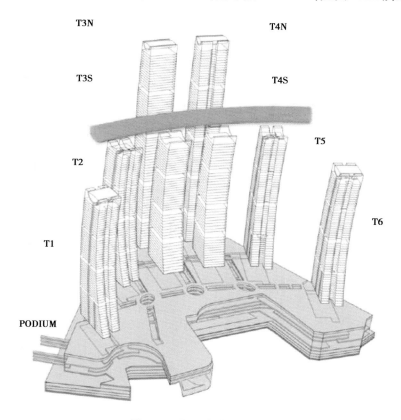

图 7.22　观景天桥立体效果图

(1)避难层/设备层

功能:机房、避难区,如图 7.23 所示。

人员疏散:将整个观景天桥人员通过避难间转换至 T2、T3S、T4N、T4S、T5 塔楼内楼梯疏散至裙楼屋顶,到达室外安全区域。

(2)主层

功能:酒店大堂、会所、观光、酒店餐饮。

人员疏散:疏散至避难层,如图 7.24 所示。

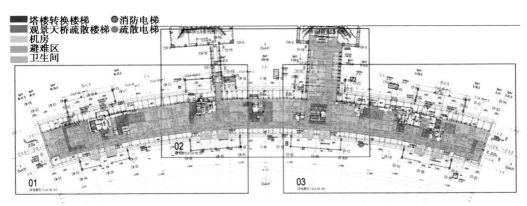

观景天桥避难及设备层整体平面图　比例1:300

图 7.23　避难层/设备层

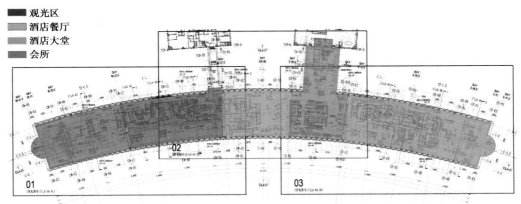

观景天桥主楼层整体平面图　比例1:300

图 7.24　主层

（3）夹层

人员疏散:疏散至避难层,如图 7.25 所示。

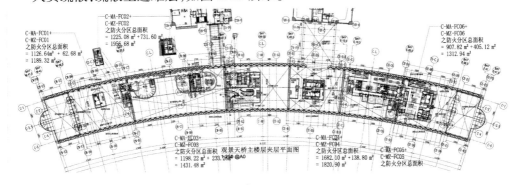

图 7.25　夹层

7.2.5　项目整体疏散策略

塔楼及观景天桥通过塔楼内部楼梯疏散至裙楼屋面,裙楼通过内部楼梯向下疏散至与之相接的市政道路或室外场地,地下建筑通过内部楼梯向上疏散至裙楼首层相接的市政道路和室外场地,如图 7.26 所示。

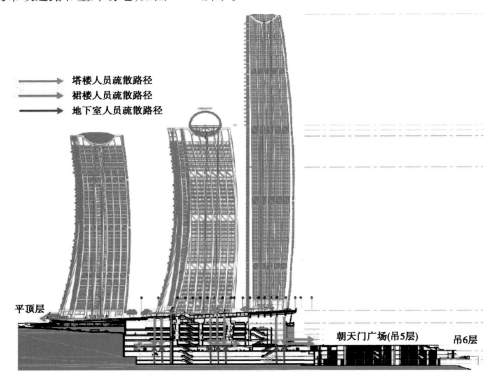

图 7.26　项目整体疏散策略

7.2.6　消防设计难点及设计策略

(1)塔楼消防车道仅能在一个方向设置两个入口进入裙楼屋顶

设计难点:

本项目裙楼屋顶在东、西、北、西南、东南方向均与室外道路有较大高差(图 7.27),仅在南侧陕西路与新华路之间有条件与裙楼屋顶相接,因此,只能在此位置设置消防车进入裙楼屋顶的入口。

加强措施:

①加宽部分消防车道,使裙楼屋顶有良好的消防车辆交通条件;

②两个入口加大间距;

③两个入口设置于新华路与陕西路之间,尽量使来自不同方向的消防车能够顺利进入扑救场地,如图 7.28 所示。

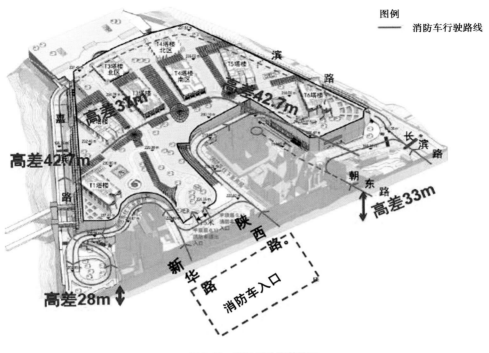

图 7.27　项目场地高差情况

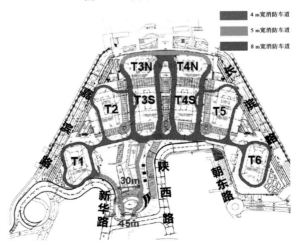

图 7.28　消防车道布局情况

（2）裙楼消防车道局部穿越建筑

设计难点：

①规划要求北侧建筑应与朝天门广场直接相连；

②东南侧陕西路与长滨路高差约 33 m，规划要求设置市政道路与之相连并满足市政道路的坡度设计要求。因此，唯有市政道路穿越建筑裙楼方可满足规划与市政设计要求，如图 7.29 所示。

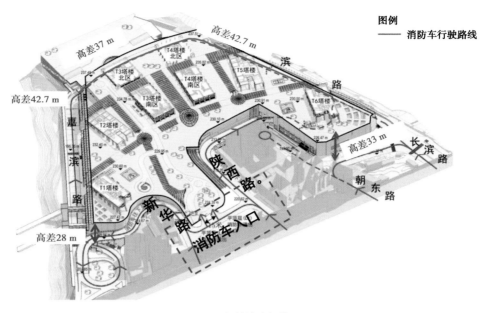

图 7.29　裙楼消防车道

加强措施：

北侧在连接长滨路与嘉滨路的市政道路上设置天桥，如图 7.30 所示，既满足了规划要求，同时又使市政道路成为开敞的室外道路。

图 7.30　天桥

东南侧（图 7.31）：

①尽量使穿越裙楼的市政道路侧面开敞；

②采用防火墙、达到防火要求的楼板与其他功能区完全分隔；

③道路宽度、坡度、净高、最小转弯半径等技术参数满足大型消防车通行要求；

④车行道楼板荷载满足大型消防车荷载要求。

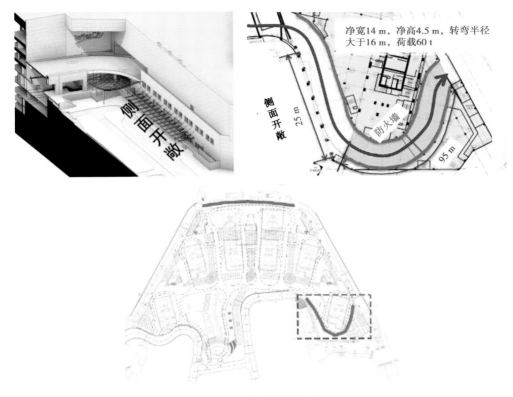

净宽14 m，净高4.5 m，转弯半径大于16 m，荷载60 t

侧面开敞

侧面开敞

25 m

防火墙

9.5 m

图 7.31　东南侧消防车道

（3）塔楼消防扑救场地与建筑之间设有天窗

设计难点：

①裙楼单层面积较大，作为大型商业，为确保商业内街的采光效果，需设置较大面积的天窗，以提升商业品质，如图 7.32 所示。经统计，裙楼天窗面积 9 220 m^2，裙楼屋顶面积 62 530 m^2，天窗面积占屋顶面积的 14.7%。

图 7.32　裙楼天窗室内效果图

②结合商业内街的对称布局形式,天窗需对称布置。

③天窗位于消防扑救场地和建筑之间,给消防作业增加了一定的难度。

加强措施:

①架设跨越天窗的阶梯或连桥,如图7.33所示,便于消防队员从扑救场地经过该阶梯或连桥靠近建筑展开作业。

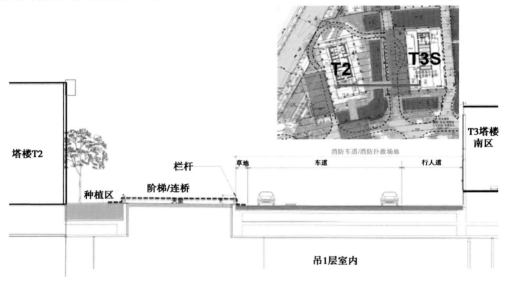

图7.33 跨越天窗的阶梯或连桥

②设置防撞措施,防止车辆撞向天窗:至少设置1 m的退让距离,并在1 m边界处设置固定水泥墩,防止车辆误入,如图7.34所示。

③减少天窗面积,留出更多场地供消防车通行、作业,如图7.35所示。

④加宽部分消防车道。T3N/T3S及T4N/T4S沿塔楼两侧长边的消防车道由5 m加宽至8 m,有利于消防车双向通行及作业,如图7.36所示。

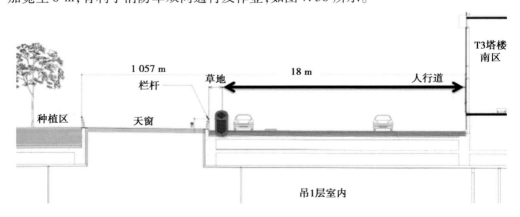

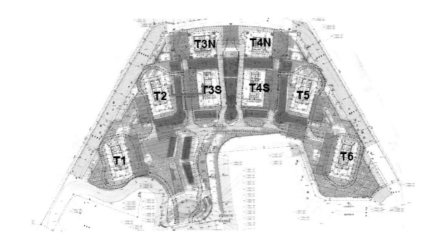

图 7.34　防撞措施

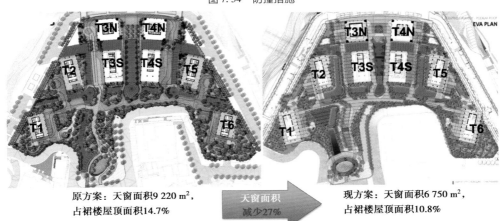

原方案：天窗面积9 220 m²，
占裙楼屋顶面积14.7%

天窗面积
减少27%

现方案：天窗面积6 750 m²，
占裙楼屋顶面积10.8%

图 7.35　天窗面积情况

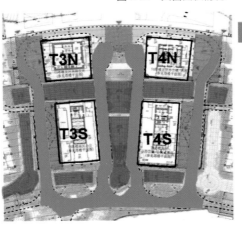

8 m宽消防车道

图 7.36　增加消防车道情况

（4）T3N/T3S(T4N/T4S)整体考虑消防环道

设计情况：

①根据规划方案，设计为6栋塔楼，其中，T3N/T3S(T4N/T4S)为一栋；

②T3N/T3S(T4N/T4S)之间有裙楼天窗；

③南北塔楼地面距离18 m。

设计难点：

由于建筑空间限制，无法满足大型消防车道转弯半径要求，因此无法在T3N/T3S
与T4N/T3S之间设置消防车道。

加强措施：

T3N/T3S及T4N/T4S沿塔楼两侧长边的消防车道按规范要求的5 m加宽至8 m，
有利于消防车双向通行及多辆消防车调度。

（5）吊6层有盖架空区作为人员疏散集散区

设计难点：

由于本项目体量和进深较大，北面东西宽约220 m，南面东西宽约495 m，南北长
约310 m，导致中间部位的楼梯在地面层无法直通室外，如图7.37所示。

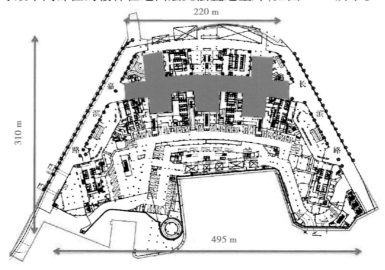

图7.37 人员疏散集散区

解决策略：

①利用吊6层T3N/T3S与T4N/T4S之间的架空层作为室外空间，解决中间部位
楼梯在吊6层通往室外的问题，如图7.38所示；

②架空层宽24 m，净高4.5 m；

③东西两侧吊6层建筑边界退界，形成挑出空间，该空间也作为室外。

加强措施：

①面向架空通道的区域未布置存在火灾危险性的机房；

②架空通道与商业裙楼之间设置防火隔断:在面向该通道的功能区域设置 1.0 h 防火墙,或喷淋保护的钢化玻璃与通道进行分隔;

③架空通道内设置机械排烟、火灾探测器和喷淋设施,高于规范要求,如图 7.39 所示。

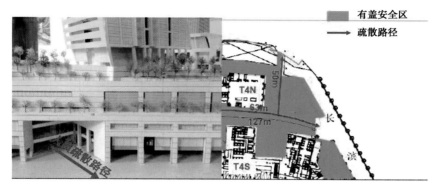

图 7.38　吊 6 层人员疏散路径

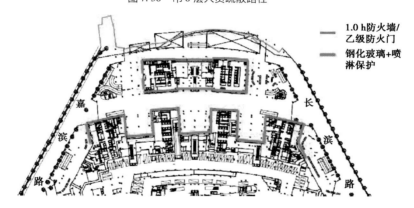

图 7.39　吊 6 层机械排烟、火灾探测器和喷淋设置情况

(6)吊 1 层宴会厅面积超过 400 m^2

设计难点:

①因项目市场定位及功能需求,需设置面积较大、空间要求较高的高档宴会厅,只有吊 1 层能满足以上需求;

②吊 1 层(裙楼地上 6 层)最大宴会厅面积 1 403 m^2,如图 7.40 所示。

加强措施:

①将吊 1 层东北、西北两侧的下沉广场作为宴会厅防火分区的独立疏散出口,如图 7.41 所示;

②大宴会厅的排烟量在规范要求基础上加大 50% ;

③宴会厅设置机械补风/自然补风系统,提高排烟率;

④内装修材料采用阻燃处理。

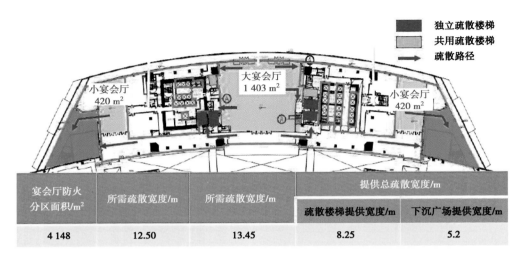

宴会厅防火分区面积/m²	所需疏散宽度/m	所需疏散宽度/m	提供总疏散宽度/m	
			疏散楼梯提供宽度/m	下沉广场提供宽度/m
4 148	12.50	13.45	8.25	5.2

图 7.40　吊 1 层宴会厅

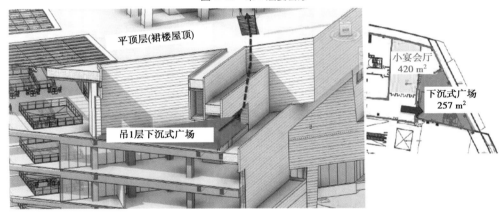

图 7.41　吊 1 层东北、西北两侧的下沉广场

(7)观景天桥局部采用"防火隔离带"进行防火分隔(图 7.42)

设计难点:

由于空间和使用连续性需求,酒店大堂与酒店餐饮之间无法采用实体墙和防火卷帘进行分隔。

设计策略:防火隔离带(图 7.43)。

①宽度:通过热辐射计算,理论宽度 4.6 m;

②项目应用:机场航站楼、车站、商业(重庆日月光)。

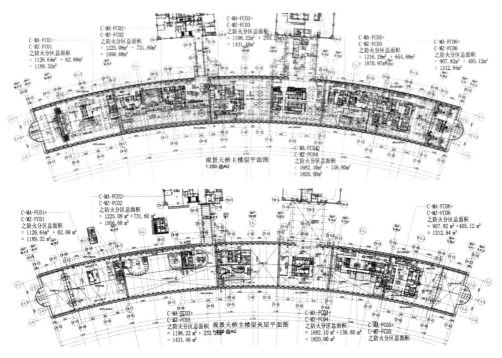

图 7.42　观景天桥防火分区

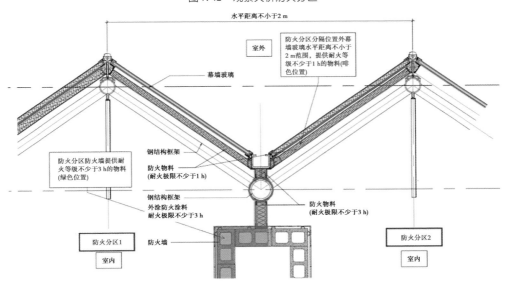

图 7.43　防火墙与幕墙节点详图

加强措施:

①加大自然排烟窗面积,达到隔离带楼板面积的 25%,火灾时形成半室外环境;

②独立排烟系统和灭火系统,如图 7.44 所示;

③在理论隔离带宽度基础上,两侧各退让 1 m,实际隔离带宽度达到 6.6 m;

④取消宴会厅,减小火灾荷载。

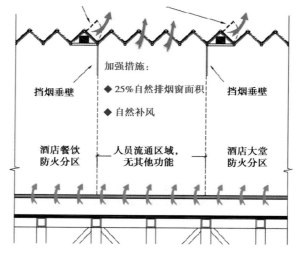

图 7.44　排烟系统

(8)观景天桥疏散体系及宽度转换

设计难点:

①观景天桥必须通过塔楼楼梯疏散,如图 7.45 所示,由此产生疏散楼梯转换问题;

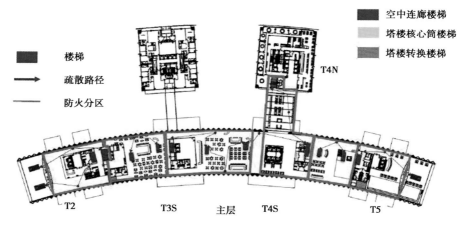

图 7.45　观景天桥主层疏散体系

②塔楼疏散楼梯宽度有限,无法完全满足观景天桥的计算宽度,倘若只考虑加宽塔楼疏散楼梯宽度,对塔楼有效使用面积将产生巨大影响。

疏散体系转换设计:

疏散阶段 1:

主层:通过 15 部楼梯(总宽 20.2 m)疏散至下部避难层。

夹层:通过楼梯向下疏散至避难层,如图 7.46 所示。

第 7 章　机电工程施工及管理

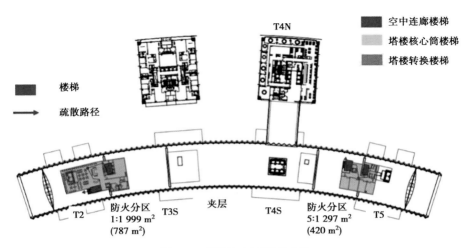

图 7.46　观景天桥夹层疏散体系

疏散阶段 2：

避难层楼梯转换至 T2/T3S/T4S/T5 屋顶转换楼梯及 T4N 核心筒楼梯，如图 7.47 所示。

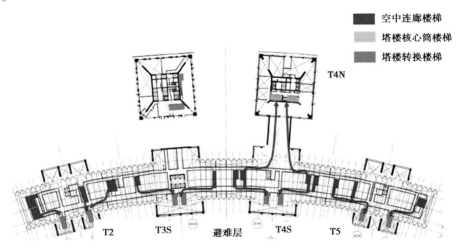

图 7.47　观景天桥避难层疏散体系

疏散阶段 3：

人员进入转换楼梯后，向下疏散至塔楼屋顶层，继而通过屋顶避难通道转换至塔楼核心筒楼梯，如图 7.48 所示。

案例借鉴：中国央视总部大楼。

参考央视总部大楼案例（图 7.49），采用相同的论证方法：

①为了论证观景天桥宽度转换设计的合理性，与传统塔楼的疏散设计作对比；

②塔楼虚拟设计（图 7.50），将观景天桥的功能虚拟到各塔楼上部，保证总面积和总人数不变。

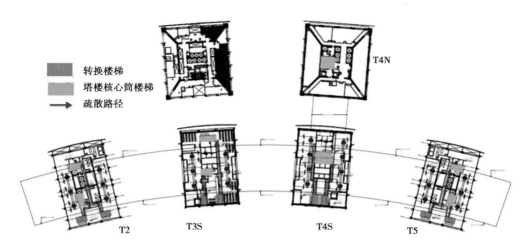

图 7.48　塔楼核心筒楼梯疏散

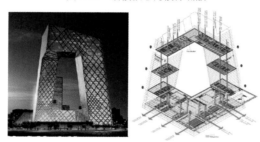

7部楼梯转换到4部楼梯

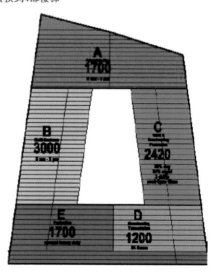

图 7.49　中国央视总部大楼疏散体系

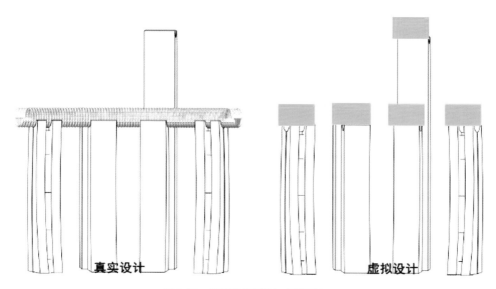

图 7.50 塔楼真实设计与虚拟设计

加强措施:

①人数控制:控制观景天桥总人数不超过 1 800 人;

②T2/T5 住宅塔楼楼梯宽度从 1.1 m 加宽至 1.2 m;

③增大观景天桥下部避难区面积(按规范需设计 360 m², 现设计为 660 m²), 如图 7.51 所示。

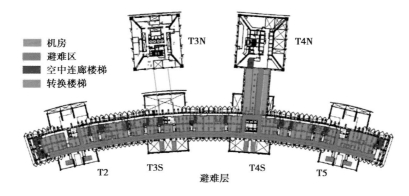

图 7.51 避难层功能设计

④穿梭电梯辅助疏散。

4 部穿梭电梯(图 7.52)分布于 T2、T4S、T5, 为人员安全疏散多一道安全保障, 且

a. 穿梭电梯在观景天桥避难层以下楼层不停靠;

b. 穿梭电梯提供消防电源;

c. 穿梭电梯防火要求参照消防电梯执行。

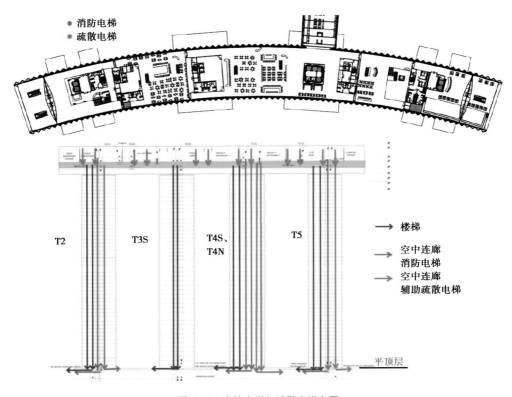

图 7.52　穿梭电梯与疏散电梯布局

（9）观景天桥采用自然排烟

设计难点：

①如何有效保证高空环境下的自然排烟效果；

②排烟方式：因无法布置机械排烟管井，故采用自然排烟。

设计策略：

①开窗面积：观景天桥地面面积 10%；

②消防系统：红外感烟探测器、大空间智能灭火系统。

加强措施：

①排烟窗面积占地板面积的 10%，均匀布置在屋顶，各 5% 反向开启；

②排烟窗与火灾联动开启，并采用现场手动开启和消防控制室远程开启两种方式，提高开启可靠性；

③增设自然补风系统，如图 7.53 所示。

（10）观景天桥钢结构局部防火保护

设计说明：

①整体屋架体系，最高处距楼板 14.9 m；

②屋顶耐火时间：1.5 h。

观景天桥局部区域进行防火喷涂的原因：

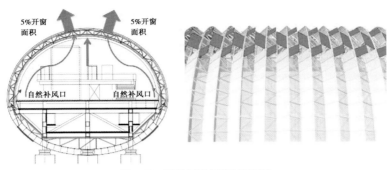

图 7.53　观景天桥自然补风系统

①观景天桥大部分功能区为封闭房间,开敞部分为观光区、酒店大堂及座椅分布较为稀疏的开敞轻餐饮、无燃油厨房,可燃物较少;

②结构体系较为特殊,考虑到大空间顶棚较高,火焰辐射及烟羽流的热量对屋顶影响较小,且屋顶为整个建筑的顶部除风荷载及自重外并没有承受其他荷载;

③本项目通过性能化的结构抗火设计方法,对结构防火保护方案进行设计分析和验算,验证在最不利的火灾条件下构件的耐火性能可否满足结构安全要求,并给出合理可行的耐火保护方案,如图 7.54 所示。

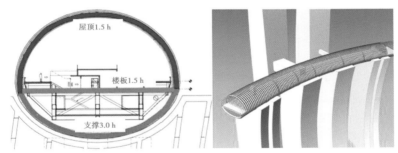

图 7.54　观景天桥钢结构局部防火保护

7.3　机电工程访谈纪实

针对机电工程施工中的有关问题,采访了凯德集团机电经理任勇(图 7.55)。

图 7.55　任勇

任勇,工程师,自主择业转业军人,时任凯德重庆来福士项目开发部机电经理,现任凯德两江春城三期 2 号地块项目开发部机电经理。

7.3.1　机电工程访谈问题一

问：您在来福士项目机电工程施工中遇到过什么困难吗？您是如何解决的？

答：遇到的困难：

①招标单位数量多；

②施工区域跨度大、范围广；

③制冷机组、扶梯等大型设备的运输问题；

④地下室湿气大，管道、支架锈蚀问题；

⑤高峰期工人管理问题；

⑥大型商业消防验收的协调与调试工作。

解决方法：

①参建的机电单位共 11 家，包括综合机电 4 家、消防 3 家、弱电 4 家，故要求机电设备统一、品牌统一，为后期维护提供便利；并非所有设计师都了解所有的业态需求，故需配备各业态对接人员，提前与酒店、商业、办公、住宅的运营方、工程方人员进行沟通，了解需求，通过需求倒查自己的设计与施工，不断修改完善。编制总控计划，根据进度组织机电招标工作。

②设立楼层长制度。在施工单位项目部选出一批有经验的管理人员担任楼层长，负责所管楼层的 BIM 深化，所有专业的机电管线施工，与消防、精装、土建等单位的协调工作。

③要求综合机电单位与其他施工单位相配合，协调土建施工工序，协调土建预留墙体和吊装洞。例如，先将基础弹线定位，基础完工、大型设备就位后，墙体才能大面积施工；预先编制大型设备的运输路线，为设备安装创造条件。

④对容易锈蚀的部位进行保护。采用比一般镀锌材料效果更好的热浸锌材料。由于分区施工，地下室湿气重不可避免，待大面积的机电管线施工完成后，需进行成品保护，大部分进行薄膜缠绕，使用镀锌层厚的材料，若条件许可可使用风机除湿，避免水汽进入。

⑤靠制度管理。建立良好的工作制度，并认真落到实处。组织协调好现场管理，高峰期机电施工人员超过 2 500 人，且正值夏天，安全管理和卫生管理有很大难度。我们要求各施工单位每 50 名工人必须配备一名劳务安全员，配合项目安全部进行安全管理。同时，每月严格落实劳务实名制管理工作，确保工人工资发放到位。

⑥时间紧。原计划 2018 年 7 月消防验收，但受古城墙事件影响，场地移交晚，致使夹层和豪华区设备及管线完成度不到 40%。经协调，各综合机电单位与消防单位联名向总公司申请，成功地对较完整的未施工区域重新进行劳务招标，新增劳务队，并要求原劳务公司加派人员进场，最多时工人达到 2 500 人。最终在 2018 年 12 月前完成了消防验收。

7.3.2　机电工程访谈问题二

问:您在机电工程施工中遇到的最具挑战性的事情是什么? 您是如何应对的?

答:最具挑战性的事情是商场开业前的商铺改造。

应对方法:项目部为了满足节点要求,协调各施工单位从其他项目部抽派劳务人员增援,通过加强工资结算工作,调动劳务人员的积极性,并积极与小业主及时沟通配合,争分夺秒地抢工突击。最终,按时按质地圆满完成了节点任务。

7.3.3　机电工程访谈问题三

问:来福士项目机电工程施工中的里程碑事件有哪些? 或者机电工程建设过程中最重要的环节是什么? 为什么?

答:里程碑事件是 2015 年 9 月机电设备进场、2018 年 4 月 20 日单机调试开始、2018 年 10 月 12 日联合调试开始、2019 年 1 月取得消防验收合格证、2019 年 5 月 30 日竣工验收、2019 年 9 月 6 日商场开业,如图 7.56 所示。

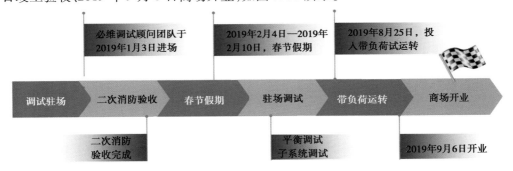

图 7.56　机电工程项目进展时间轴

机电工程施工开始和结束都是很重要的环节,施工过程中消防验收、竣工验收也很重要。此外,比较重要的还有联合调试,它代表着整个机电工作基本完成,系统基本形成。

7.3.4　机电工程访谈问题四

问:在机电工程施工中有没有让您印象深刻或非常有趣的事情呢?

答:①对精装修检查非常细致,避免交房遇到各种问题。凯德公司有自己的精装修标准,我们会从定位、成本等方面定标准、定功能,同时精心选择品牌、材料。

②若有项目设计方案之外的新思路,会进行考虑,打样并实施。

7.3.5　机电工程访谈问题五

问:在机电工程中,您如何对机电设备、构配件、材料供货商进行考察与选择?

答:①根据凯德公司机电标准,编制品牌表:设备采用一线合资品牌;材料本着就近原则,采用国内一线品牌。

②由于综合机电单位多,为避免各综合机电单位使用设备不一致,增加后期维保难度以及系统兼容性,我们采取统一要求、统一招标。

③针对主要设备和材料,组织专业工程师和顾问赴厂家和使用项目考察,并给出选用意见。

7.3.6　机电工程访谈问题六

问:任一项目的机电工程,防火问题是关键,在来福士项目机电工程施工中,如何排除火灾等安全隐患,保证设备安全?

答:排除火灾隐患,需从源头控制火灾的发生。在施工过程中,发生火灾主要是不规范用电、不规范焊接或工人吸烟导致的。针对用电方面,项目部每天都有专职安全员对现场所有用电设备、配电箱、电线电缆进行巡检,并定期对电工进行交底及考核,早班会也会一直宣贯到底,培养工人较强的安全意识,杜绝因用电引起的火灾问题;针对焊接方面,项目部对每一位入场焊工进行严格考核,每个动火作业点都有专职人员负责看护,只有持证焊工才能进行焊接作业,焊接开始前必须做好接火措施和灭火准备;针对工人吸烟问题,项目部在施工现场设置专门吸烟点,允许工人在吸烟点吸烟,同时对随意吸烟,尤其是在工作过程中随意吸烟的工人予以严格处罚,并对相应劳务组织进行罚款处理,提高所有人的安全意识和警惕性,保证了现场施工安全。

7.3.7　机电工程访谈问题七

问:您认为来福士项目中机电设计最难的是哪一板块呢? 它有什么难点? 设计团队是如何解决的?

答:机电设计最难的是机电各专业的配合以及管线的综合排布,为了做好这一项目,我们聘请了专业的 BIM 顾问,并组织总包单位、机电单位、监理单位各自的团队,每周召开工作协调会。

7.3.8　机电工程访谈问题八

问:施工团队是如何做好机电工程质量管理的?

答:甲方统一管理及协调。甲方成立质量督导部,并敦促各施工单位设立质量管理部门。

质量管理:秉承"品质至上",以高标准要求所有管理人员、作业人员,同时项目部成立专门的质量管理部门,每天、每周都有专职质量工程师带队对现场施工质量进行检查,若发现施工不满足质量要求,则让劳务队立即停工、全部整改并重新安装,确保工程不因质量问题受影响。每月质量督导部进行飞检,提出整改意见并点评。

7.3.9　机电工程访谈问题九

问:在来福士项目中,机电工程部分与其他板块存在一定的交叉施工,为保证工期,机电工程部分是如何进行进度控制的?

答:工期措施:甲方统一管理及协调,专门成立计划部,组织专员定期检查,进行工期控制。协调各施工单位的工序调整及互相配合,确保整个进度平稳推进。根据业态、销售要求,随时进行计划调整。在施工过程中,项目部主要从以下 3 个方面进行进度控制:

①插入施工:在出现机电作业面时,立即组织资源进入作业,尤其是节点很近且有后续专业施工的工作面;

②大力抢工:每个作业点,项目部都会安排专职施工员直接负责,对按节点时间完成有难度的工作面进行工期预警,加大劳动力资源的投入,确保工期;

③后期不返工:在施工过程中严格把控质量,与交叉专业保持积极沟通,绝不因自身质量问题或沟通问题对已完成施工的管线进行拆改。

7.3.10　机电工程访谈问题十

问:在机电工程调试过程中,有没有出现一些让您印象深刻的问题,您又是如何解决的?

答:业主设置专门的调试负责人和调试小组,并聘请专业的调试顾问,对调试工作进行检查和指导,施工单位和监理单位也成立相应的调试部门。由于前期施工与调试准备工作做得比较到位,尚未出现大的问题。在调试过程中,印象最深刻的是消防风机参数问题,我们发现一部分消防风机风量不能达到铭牌参数和设计参数。由于涉及消防验收进度,我们立即采取措施:一是厂家派人到现场逐台进行调校,项目部安排专人对接和调整后的参数复核;二是尚未进场的风机进行厂测,确保出厂风机百分之百达到要求。最终所有风机调校完毕,顺利投入运行。

7.3.11　机电工程访谈问题十一

问:来福士项目机电工程部分采用了哪些设计或者材料来体现绿色环保理念呢?
答:设置雨水回用系统,雨水回收处理后用作绿化给水系统;$PM_{2.5}$ 检测等。

7.3.12　机电工程访谈问题十二

问:来福士项目设计了楼宇自控系统对各种机电系统进行监视和控制,您能介绍楼宇自控系统有哪些优势吗? 在今后的运营过程中,它又会起到什么作用?

答:楼宇自控系统可减少人力资源的投入,不必安排大量人员巡检和开关设备,自控系统能有效地监视各子系统设备运行情况,控制可控设备及末端,能在设备出现故障或其他情况时第一时间报警,运维人员能第一时间赶到现场处理问题。在今后的运营过程中,它将占据主导地位,各子系统将通过楼宇自控系统高度集成在一个平台,最大限度地减少人力资源投入及能源使用,让建筑智能化、可靠化、更加绿色节能。

第 8 章
古城墙保护

8.1 古城墙保护介绍

8.1.1 古城墙遗址概况

（1）地理区划

朝天门城墙遗址（古城墙遗址）位于重庆市渝中区朝天街道，地处朝天门与西水门之间，靠近长江与嘉陵江交汇处，西接朝千路，东临朝天门广场，下临嘉陵江。地形属川东平行岭谷区，以剥蚀构造地貌为主。遗址中心地理坐标为东经 106°3510.88″，北纬 29°3356.69″，海拔高程 180 ~ 193 m。

古城墙遗址地处来福士项目建设用地范围内，占地面积 91 782 m^2，主要分布在来福士项目地块西北部毗邻嘉陵江一侧，如图 8.1 所示。

图 8.1　项目地块红线内古城墙遗址位置图

（2）古城墙遗址历史沿革

古城墙遗址所处渝中区是重庆的母城,已有 3 000 多年的历史。周代至春秋时期,遗址属巴国江州地域,较长时间为巴国政治中心和军事中心。公元前 316 年,秦灭巴国,后置巴郡,遗址属江州县域,为巴郡和江州治所所在地。汉代,郡治曾移驻现属江北区的北府城。公元 226 年,蜀汉都护李严自永安还住江州,筑大城,周回十六里。其后历两晋、南北朝、隋、唐、五代、北宋至南宋中期,巴郡名称演变而为渝州、恭州、重庆府。公元 1240 年左右,为抵抗蒙古入侵,南宋四川制置副使彭大雅"披荆棘,冒矢石"抢筑重庆城,成为宋蒙战争西线战场的军事行政中心,后在名帅余玠经营下,与合川钓鱼城、奉节白帝城等共同组成了山城防御体系,对世界中古史进程产生了深远影响。公元 1371 年左右,明朝重庆卫指挥使戴鼎因旧址砌石筑城,设九开八闭 17 门,类九宫八卦。明中后期、清康熙二年（1663 年）、乾隆二十五年（1760 年）、咸丰二年（1852 年）、咸丰九年（1859 年）及同治九年（1870 年）因自然坍塌和洪水灾害等原因,重庆城垣曾进行多次修缮。民国十五年（1926 年）,潘文华任重庆市市长时,建筑马路,宏廓码头,朝天门、南纪门等悉被拆毁,城墙受到一定程度破坏。朝天门至西水门段城垣在民国建城活动后,保存状况长期不明,历史地图多用虚线标识。

古城墙遗址是重庆建城史的直接实物见证,据目前学者研究成果,以上几次大规模筑城中,除巴国都江州郡无确切地点可考外,秦张仪城、汉南城、蜀汉李严大城、南宋彭大雅城及明戴鼎城范围,均包括了含项目所在地块的朝天门至小什字区域,如图 8.2 所示。

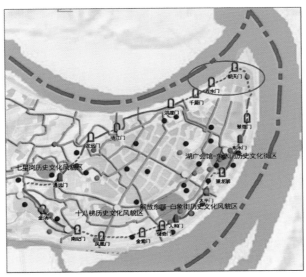

图 8.2　古城墙遗址考古发掘平面图

（3）保存现状

经调查测绘,来福士项目建设用地范围内城墙总长 282.63 m,暴露长度约 140 m。平面呈西南东北走向,依山傍水而建,夯土垫石结构。城墙未见马面、排水孔等附属

157

建筑。

根据保存现状，从东北至西南可分为4段，如图8.3所示。

A段：长89.72 m，茶楼向西至三码头滑轨桩架。外墙以大型条石垒砌，错缝丁砌为主，缝间可见有略泛黄石灰黏合剂，残高11～13 m。外墙以明清时期为主，东端宋代城墙（约20 m）出露。

B段：长80.16 m，三码头滑轨桩架向西至C段城墙出露处。弃渣覆盖，向内略收，平面分布略呈弧形，顶部及内侧因原港务局建筑破坏严重。整体保存较差，内侧大面积基岩出露。

C段：长40.46 m，城墙出露处向西至近现代挡土墙。保存状况较好，外墙出露高2～5 m。外墙石材大小、砌筑方式与A段暴露的明代城墙外墙存在一定差别，顶部被近现代堡坎及建筑叠压。

D段：长72.29 m，近现代挡墙出露处向西至来福士广场建设工地朝千路大门。该段外墙石材大小、砌筑方式与A、C段明清外墙有明显区别，可能与近代以来修筑马路活动有关。据清代及民国时期地图资料，结合城墙走向分析，该段外墙内原应包裹、叠压有明清城墙。清理结果表明，近现代挡土墙已基本将原城墙完全打破。

图8.3　遗址航拍图

8.1.2　考古进展及解决方案

2014年，重庆来福士广场项目建设中因拆除现代建筑后暴露出一段古城墙，如图8.4所示。

2015年3月4日，接群众报告，市文物局组织专家至现场踏勘，确定朝天门古城墙是重庆市明清古城垣的重要组成部分。5月15日，重庆凯德古渝雄关置业有限公司与重庆市文化遗产研究院正式签订《重庆来福士广场项目文物影响评估工作委托协议》。

图 8.4　暴露出的古城墙遗址

2015 年 5—7 月,重庆市文化遗产研究院组成文物调查试掘队,对重庆来福士广场项目工程建设区域涉及古城墙遗址进行了全面的文物调查、试掘工作。详细收集既往古城墙遗址文物工作相关资料,并开设 3 条探沟,进行 110 m^2 的试掘工作。

试掘工作完成后,重庆市文化遗产研究院编制提交了"重庆来福士广场项目文物评价报告",对古城墙遗址进行了历史、科学、社会文化及展示利用方面的价值评估,综合遗址调查试掘成果及工程建设情况,认为重庆来福士广场项目现有建设方案,将对古城墙遗址产生直接、长期、不可逆的影响,古城墙将受到不同程度的侵蚀、干扰、分割及毁坏。工程建设与文物保护的要求及诉求存在一定偏差,对文物本体和环境存在较大影响。建议项目业主尽最大可能调整工程建设方案,最大长度原址保护古城墙,最大限度保护古城墙的完整性和真实性。

2015 年 6—7 月,鉴于项目的重要性,在重庆市文物局组织下,市文化遗产研究院多次邀请中国社会科学院、北京大学、四川大学、西北大学、重庆大学、中国国家博物馆、重庆中国三峡博物馆等国内文物保护和考古界知名专家赴现场实地踏勘遗址现状,如图 8.5 所示。各位专家对古城墙文物价值予以充分肯定,并针对遗址现状,对下一步工作提出全面考古发掘、原址保护为主的建议。

图 8.5　专家考察指导

2015年8月,根据专家论证指导意见,结合遗址调查试掘收获,重庆市文化遗产研究院编制完成《重庆来福士广场项目古城墙遗址考古发掘方案》。该方案根据"重点文物、重点保护"原则,建议考古发掘工作分3种方式开展2 400 m²的考古发掘:一是对采取原址保护的城墙,实施保护性考古发掘;二是对可能迁移保护甚至拆除的城墙,实施抢救性考古发掘;三是对目前保存状况不明、可能有其他遗存的城墙,实施探索式考古发掘。

2015年11月,重庆市文化遗产研究院按照发掘方案,对遗址实施了考古发掘工作,如图8.6所示。

图8.6 考古现场

本着争取"最大长度原址保护古城墙,最大限度完整保护古城墙"和区域经济建设相结合的原则,2015年11月5日和19日,市文物局会同市建委、市规划局两次组织文物、建筑、地质、结构等方面专家赴现场踏勘、论证审查,经过多方论证,一致认为由于原址保护比较完整的A段近90 m古城墙,将使稳固边坡的抗滑桩无法实施,危及整个来福士项目整体结构安全。因此,提出了"最终采用原址保护52 m古城墙的方案",既保证了来福士广场建筑整体结构和边坡安全,又最大限度地原址保护了朝天门古城墙。同时,由凯德公司完善重庆古城墙陈列馆设计工作,并在完成古城墙展示空间设计方案后,及时报市文物局审定。

2015年12月,随着考古工作的深入,发掘出土了一批保存较好的道路、房址、水池等遗存,经专家现场踏勘,如图8.7所示,相关遗存是重庆城市历史的重要见证,文物本体所蕴含的历史文化信息丰富,形制结构反映的古代建筑营造水平具有典型性与代表性,保存现状较为完整,具有较高的历史文物价值,可结合遗址原址保护区域,充分发挥其社会、教育价值,实现文化遗产保护成果的全民共享。

图 8.7　全站仪测绘

　　2016 年 1 月,该方案得到重庆市人民政府批准。据此,市文化遗产研究院编制《重庆来福士广场项目城墙遗址 A 段补充考古发掘方案》,作为原考古发掘方案的补充,对 A 段 52 m 原址保护以外的城墙实施抢救性考古发掘,如图 8.8 所示。

图 8.8　A 段城墙航拍图

　　2016 年 1 月,重庆市文化遗产研究院编制《重庆来福士广场项目古城墙遗址重要遗存留取保护方案》。在项目业主凯德公司的支持配合下,搭建临时文物库房,对相关遗存开展了留取保护工作。

　　2016 年 5 月,考古发掘出一批时代较早、保存较完好的遗迹,经组织专家论证,重庆市文化遗产研究院补充编制《重庆来福士广场项目古城墙遗址重要遗存留取保护方案(二期)》。

　　2016 年 5 月 6 日,重庆市文物局根据重庆市人民政府对《重庆市城乡建设委员会重庆市规划局重庆市文化委员会〈关于朝天门古城墙保护工作有关情况的意见〉》批复意见,对重要遗存制订保护方案进行留取保护。

8.1.3 考古遗物

经初步统计,遗址已出土陶、瓷、铜、铁、琉璃及石质器物标本 3 000 余件,其中小件器物 661 件,包括钱币 256 件、瓷器 187 件、陶器 34 件、铜器 66 件、瓦(板瓦、筒瓦、瓦当、滴水等)46 件、琉璃器 44 件、石器 9 件、铁器 3 件及骨骼标本 16 件。以上文物主要发现于明代城墙夯土层、宋(元)建筑废弃堆积层及城墙顶部清至民国时期遗迹垫土层。

可辨器形有陶罐、陶缸、陶器盖、陶俑、擂钵、瓷碗、瓷盏、瓷杯、瓷灯、瓷奁、瓷壶、瓷罐、瓷高足杯、铜簪、铜钱、箭镞、筒瓦、板瓦、滴水及石碑、石造像、础石等,瓷器窑口主要有湖田窑、龙泉窑、耀州窑、彭州窑、邛窑及合州窑、清溪窑及涂山窑等。

遗址出土钱币数量较多,类型较为丰富,时代涵盖汉代、新莽、蜀汉、唐、宋、明、清及民国各时期。主要品类有半两、五铢、直百五铢、大泉五十、开元通宝、祥符元宝、明道元宝、淳祐通宝、万历通宝、崇祯通宝、康熙通宝、乾隆通宝及民国铜板等,如图 8.9 所示,另发现"景兴通宝"(安南钱币)1 枚。

图 8.9 出土钱币

8.1.4 古城墙发掘的知识获取

本次发掘工作收获颇丰,基本实现了既定学术目标,主要收获表现在以下 5 个方面。

(1)古城墙本体保存现状、形制结构及时代关系

通过考古工作,廓清了古城墙保存现状及分段情况,现存古城墙主要为宋、明、清3 个时期,综合各探沟剖面,具体形制有单独明代城墙,宋、明两期城墙叠压,明、清两期城墙叠压,宋、明、清三期城墙叠压等多种情况。各个时期城墙叠压打破关系明显,形制结构各异。

古城墙的发掘结果,一方面印证了文献中关于南宋彭大雅、明初戴鼎筑城及清代以降补修的史实;另一方面,各个时期城墙的分布情况说明清代城墙基本在明代城墙基础上补筑,而宋、明城墙布局差异较大,反映了宋代城墙与山形水系关系较为密切,而明戴鼎"因旧址筑城"时,处理与宋代城墙关系的具体方式,或如明正德《四川志》卷十三《重庆府》所载:"本府石城,因山为城,低者垒高,曲者补直。"

（2）遗址的丰富文化内涵的多样性

清理发掘情况显示,遗址内涵丰富,兴废频繁,除城垣建筑外,发现了一批墓砖、阶梯道路、排水设施、作坊建筑群及生活聚落房址等,反映遗址因地处两江交汇区域,历史上人类活动频繁,除主体城垣防御内涵外,也是码头运输、商贸活动及水运交通的重要区域。

（3）遗址演变过程的初步梳理

根据地层关系及遗迹间叠压打破现况,结合遗物现况,可初步梳理出遗址的年代关系,大致可分为 9 期 13 段,分别为民国、清代、明代、元代、南宋、北宋、唐五代、汉代及东周。其中,东周遗存仅发现于 D 段西部,汉代遗存发现于 A 段及 B 段东部,南宋、北宋遗存最为丰富,根据遗迹之间的关系可分为 A,B,C,D 4 段。

（4）通过专家论证深化了对遗址价值评估

朝天门古城墙是重庆明清古城垣的重要组成部分,宋代城墙是重庆主城区首次发现的。宋、明古城墙的叠压共存关系,证明了明初戴鼎"因旧址筑城"的具体方式以及宋代城墙的用材问题。古城墙遗址表现出的"金城汤池、城堤一体"的筑城理念具有浓厚的地域特点,是古代南方山水城市营造设计的典型代表,对重庆地方史、宋蒙战争史、中国城市史研究均有重要价值。朝天门古城墙是重庆历史文化名城的重要支撑,经科学发掘、全面留取历史信息后,古城墙遗址的保护展示设计将与来福士广场这一新城市地标建筑和谐共生,作为城市形象的文化符号,具有突出的纪念、教育及情感意义。

（5）为古城墙遗址后续保护利用积累了一批资料

古城墙遗址的重要遗存留取保护工作及延时摄影、纪录片拍摄工作在全面留取遗址历史信息的同时,也为原址保护部分提供了科学依据及丰富的实物材料和影像资料,对结合来福士项目推动文化遗产保护成果全民共享具有重要意义。

8.2 古城墙保护访谈纪实

针对古城墙保护处理过程中的相关问题,采访了凯德公司土建经理杜世海（图8.10）。

杜世海,工程师,国家一级建造师,2004 年 7 月参加工作。先后参与重庆长江大桥复线桥、重庆奥林匹克体育中心、重庆嘉陵帆影(458 m)基础工程、重庆罗宾森广场等多个大型公建及住建项目。2006—2008 年受单位指派参与援建非洲建设工程。

2013—2021 年,就职凯德集团,全程参与重庆来福士项目建设开发,任土建经理。

图 8.10　杜世海

8.2.1　古城墙保护访谈问题一

问:项目在拿地阶段,古城墙所处地块的相关资料有没有一些表达?

答:2013 年,公司拿地之初,就联系相关测绘部门进行地质勘探,绘制现状地形图,编写地下管网的探测资料。勘探资料显示此处有墙,当时施工团队认为只是一段普通挡墙,因为这里曾是港务局大楼的售票厅,规划条件函、土地出让手续、国土证都未对古城墙作相应的记录,故未引起足够的注意。实际上,售票大厅的桩基础是从上到下的,有一部分落在这段挡墙的腰部,但当时的平面图上并未表达出这部分内容。

2014 年,重庆来福士项目建设中拆除现代建筑后暴露长度约 140 m 的一段古城墙。公司立即与市文物局进行协商,并邀请多方专家进行联合论证(详细内容请参照8.1.2 小节)。在"既要保护文物,也要发展经济"的基础上,决定保留 A 段(图 8.11),即北面的宋代城墙(图 8.12),这一城墙的断面确立了重庆修筑城墙的时间和次数。城墙最内层是宋代的城墙,然后是明代的城墙,最外层是清代乃至民国时期的城墙,从而可以摸清重庆渝中区城墙的修筑时间以及砌筑方式。根据实际分析,最终采用原址保护 52 m 古城墙的方案。

图 8.11　A 段外墙

图 8.12　宋代城墙

　　而 B,C,D 段,由于发掘出的遗存并不多,并且占据了地库墙的面积,确实没办法保留,在完成一次抢救性发掘后,按照土石方设计方案被挖除,如图 8.13 所示。

图 8.13　B 段城墙航拍图

　　凯德公司还遵照市文物局的要求,专门招标文物修复单位,对 A 段古城墙进行修复,包括化学抗风化、去除表面的有机物,对工程桩进行修复抢救等。2019 年,有资质的文物修复单位完成了修复方案,呈报市文物局同意备案,并于 2019 年进行验收,市文物局提出了整改方案,随后凯德公司遵照整改方案进行了整改,如图 8.14 所示。

图 8.14　C 段城墙航拍图

8.2.2　古城墙保护访谈问题二

问：在古城墙保护过程中，让您印象最深刻的一件事是什么？

答：让我印象最深刻的就是当时社会舆论对来福士项目的冲击。作为工程人员，我是一名理科生，同时也是一名文物爱好者，对历史很尊重，也很喜欢文物。发现古城墙后，网络上出现了各种不同声音，同样我们也在研究保护方案。关于古城墙的价值，我认为应由专业的评估机构和严格的评估机制决定。社会的发展需要不断地拆旧迎新，我们应当正确评估和理智看待这一事件，在尽量保护旧物的前提下不断发展。

8.2.3　古城墙保护访谈问题三

问：您在处理来福士项目古城墙问题时，遇到的困难有哪些？ 是如何解决的？

答：最大的困难就是兼顾古城墙保护的来福士项目，如何减小对来福士项目的影响，尽可能保护古城墙。

市文物局多次组织专家开会研讨，首先对古城墙定性。组织市文化遗产研究院所属考古队，深入现场进行考古发掘。第一次开挖后形成了初步报告，但还不足以了解城墙全貌，于是进行第二次发掘，发现 B、C、D 段考古遗存并不多，遗存主要集中在 A 段。最后，根据上述发现，以及专家和建筑师们共同讨论，形成了保留 A 段，对 B、C、D 段遗存进行抢救性发掘的决定。

8.2.4　古城墙保护访谈问题四

问：古城墙的出现为来福士项目增加了哪些施工难点？

答：第一，整个抗滑桩的施工。抗滑桩桩径约 3.2 m，最深的有 53 m，又恰好处于江边的边坡上，冲击钻进入比较困难，同时又不能破坏古城墙的构造，对抗滑桩桩基施工造成很大影响。

第二,所有排水管道的施工。临嘉陵江边布置了排污 B 干管,综合管网的接入需穿过这段古城墙,故又采取顶管施工方式,即从古城墙的基础下面,采取暗开挖的顶管作业方式,换成室外管网。

第三,为了随时对古城墙进行保护,大大增加了施工现场的安全措施。

第四,古城墙影响了地下车库及坡道的施工,地库西北部的交通将重构,需对原有设计进行调整。考虑古城墙的承载力,我们将地库顶板段改成钢结构桥面。

第五,钢栈桥的施工。由于古城墙使材料运输出入口变窄,需另建钢栈桥保证材料的及时出入。

为了保护古城墙,整个项目改造、保护、考古发掘、地库退让、结构变更,总的经济投入接近 1 亿元。其中,钢结构的增加、地库面积的减小、综合管网施工费用的增加,抗滑桩措施费用和考古直接费用的增加,就达上千万元。

8.2.5　古城墙保护访谈问题五

问:古城墙的发现必然会对项目施工进度及其原计划施工路径有所影响,您是如何解决的?

答:总包开始进场时,尚未发现古城墙。考古结束后,2016 年 10 月,总包开始进行 T1 塔楼的桩基础施工,相对于原计划推迟了整整 9 个月。

T1 因为古城墙一直无法开工,相对于 T2 的修建整整晚了 1 年。原因是保留 A 段古城墙,影响了地下车库及坡道的施工,地库西北部的交通将重构,原有设计需进行重大调整,否则项目建成后停车位严重不足,影响将来运营。但中建八局顶住了压力,配合凯德及设计单位完成局部设计调整,采取了一系列的管理措施、抢工措施、风险预判措施,克服重重困难,保证了来福士项目的如期开业。可见,中建八局的进度管理是非常成功的。

8.2.6　古城墙保护访谈问题六

问:来福士项目为了保护古城墙遗址,做了哪些工作和努力?

答:企业虽然是以盈利为目的,但还应担起一定的社会责任。

首先,公司积极配合市文物局、专家对古城墙的发掘工作,并切实执行提出的各类要求。

其次,公司出资,邀请专业的考古团队,对古城墙进行了抢救性发掘,并公开招标专业的文物修复单位,对文物进行修复。对发掘出的遗迹留存,比较重要的由市文物局带走,其余由公司妥善保管。

8.2.7　古城墙保护访谈问题七

问:古城墙保护的社会效应有多大? 社会效应对处理此事是否带来了较大压力?

答:重庆市政府、文物局等部门十分重视古城墙保护工作,文物局多次组织相关文物专家,讨论挖掘及保护方案,最大限度地保护有价值的重要文物,权衡文物保护和城市发展间的利弊,很好地处理了此问题,也为今后类似问题的处理提供了参考。

8.2.8 古城墙保护访谈问题八

问:在项目施工阶段挖掘到古城墙是一段非常罕见的经历,您是如何看待这一事件的? 这一事件的妥善处理给您带来了怎样的宝贵经验和成就感?

答:这个事件带给我很多的个人感悟。

我在处理这一事件中结识了文物研究院、考古队的一些朋友,拓宽了视野,扩大了知识面,许多人生感悟油然而生。从古城墙的研究结果,我感受到了重庆城的变迁,对中国文化有了更深刻的认识。不管是文化的传承还是中华民族发展的历程,我看到了历史的起起伏伏。从出土文物来看,宋代城墙相当精致,可见当时的人们不仅追求功能性还注重艺术性,对城墙结构、榫卯结构、错缝、城墙外表的处理都非常精细。总体来说,宋代建筑的设计与施工是一个巅峰,到了清代则逐渐没落。然而,当今随着我国经济的高速发展,施工技术的不断精进,建筑技术和艺术设计的繁荣发展,未来一定会有更多集观赏性和实用性于一体的不朽建筑面世。

第9章
交通协调与管理

9.1 重庆来福士项目周边交通管理纪实

9.1.1 项目周边道路交通概况

梳理项目周边交通状况,共有 5 条主要道路通往本项目,分别为朝千路(嘉滨路)、新华路、陕西路、朝东路和长滨路。这 5 条干道由南至北不断汇集,最终在朝天门广场以环岛平交方式衔接,以朝天门广场为中心形成放射形路网(图 9.1)。由于朝天门中间地势较低,东西走向的干道之间高差很大,如何处理南北向交通非常重要。东西走向干道之间的连接主要通过朝天门广场的环岛完成。朝天门广场的环岛承担着嘉陵江滨江路、陕西路、朝东路及长江滨江路不同方向车流的交汇及疏散功能。一方面,来自嘉陵江滨江路与长江滨江路方向的车辆由此进入陕西路及新华路,反之亦然;另一方面,嘉陵江滨江路与长江滨江路之间的互通也要经过此节点。此外,部分车辆在朝天门广场的环岛实现掉头返回原路(如新华路及陕西路)。由于现在所有交通的集散均集中在朝天门广场的环岛,各路交通车流以及不同类型车辆的交汇导致不时出现交通互锁的情况,车龙反过来向进入朝天门的道路扩散,引起周边地区堵车现状(图 9.2)。

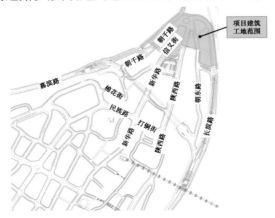

图 9.1 项目施工范围示意图

图9.2 场内现状

9.1.2 项目周边运输道路交通分析

5条通往本项目的主要道路中,新华路、陕西路和朝东路均需经过渝中区的中心城区解放碑商圈,同时,这3条干道沿线均为商铺、批发市场及居民区,平时车流量较大,通行车辆以公交车、小型客运车及私家车为主,主要是道路沿线居民区、商铺以及办公机构的车辆,此部分车辆将长期在这3条干道上通行,在本项目施工期间,这3条道路不作为项目施工道路,在这3条道路的路口不能设置工地出入口。新华路和朝东路在项目场区内的道路已经截断,场区内剩余的道路为嘉滨路、陕西路和长滨路 3 条道路。在项目施工期间,需保证朝天门广场及市规划展览馆的正常使用,故需保证周边市政交通的通畅。接驳朝天门广场通往场地四周的是朝千路(嘉滨路)、陕西路和长滨路,主要供小型车辆通行,乘客均为去朝天门广场及码头的游客,但这 3 条道路在汛期将被长江洪水淹没,淹没时必须有一条道路能够通往朝天门广场,保证朝天门广场的正常使用。本项目红线范围内的拆迁工作基本完成时,除嘉滨路靠嘉陵江一侧建筑以及红线内的陕西路、嘉滨路和长滨路未拆除外,其余建筑已经全部拆除。

由于项目周边道路长期处于拥堵状态,大型材料只能通过朝千路(嘉滨路)和长滨路运输,而连接嘉滨路、长滨路段的 4 座大桥,黄花园大桥、渝澳大桥、嘉华大桥以及长江大桥车流量极大,而且经常处于拥堵状态,材料运输在一定程度上受到交通运输的直接影响。项目具有体量大、工期紧等特点,混凝土总量约 53.4 万 m³,钢筋约 13.2 万 t,日材料平均进场量混凝土约 1 000 m³,钢筋约 200 t,日主材平均运输车次约 130 车次。在各种进场道路均拥堵的情况下,如此巨大的材料进场量将给周边道路的交通带来更大压力。相较于拥堵的陆路交通,本项目所处地理位置的水路交通十分发达,嘉陵江与长江航道均毗邻本项目。为保证材料供应,减少对周边市政道路的影响,我们考虑利用水上交通,在场地靠嘉陵江一侧修筑一临时栈道码头,钢筋及钢结构等主材通过水路运抵现场,同时,为保证本项目大体积混凝土浇筑的连续性,在临时码头附近修建一座水上搅拌站。在汛期嘉陵江航道封航前,通过陆路交通进行材料运输,由于汛期较短,可通过提前备料等措施减小周边交通对材料进场的影响。其余辅材及周转材料则通过嘉滨路和长滨路运进场内。

原通往朝天门码头和朝天门广场的 5 条主干道即朝千路(嘉滨路)、新华路、陕西路、朝东路和长滨路均处于本项目红线范围及地下室结构范围内,在施工期间均需拆除。此外,长滨路在设计时不仅作为通往朝天门的通道,还作为本项目所在区域的长江防洪堤。根据近几年的水文记录,汛期时,长江水位将高于本项目地下室的底标高。如果在汛期开挖长滨路,则场区会有被长江洪水淹没的危险。因此,长滨路的开挖受两个条件的制约:一为长江汛期;二为汛期通往朝天门的道路。

9.1.3 项目场外材料运输路线组织

重庆来福士项目场外材料运输主要有 5 条路线,如图 9.3 所示。

图9.3　材料运输线路

（1）江北区材料运往渝中区路线1

具体路线：江北区→嘉华大桥→（华村立交）→嘉陵江滨江路→朝千路→施工场地。

线路分析：重庆嘉华大桥横跨流经重庆主城的嘉陵江,连接重庆主城的渝中区与江北区,是联系重庆主城区南北主发展轴的重要纽带。该桥长4.35 km,总宽37.6 m,双向8车道,限速70 km/h。通过车流量调查分析可知,该桥梁在7:00—10:00（上班）、17:00—20:00（下班）处于车流量高峰期,通行极其缓慢。场地材料进场若经嘉华大桥,进场时间需避开车流量高峰时段。

（2）江北区材料运往渝中区路线2

具体路线：江北区→黄花园大桥→（黄花园立交）→嘉陵江滨江路→朝千路→施工场地。

线路分析：重庆黄花园大桥,位于重庆市主城区嘉陵江上,连接渝中区黄花园和江北区廖家台,主桥长1 208 m,双向6车道。通过车流量调查分析可知,该桥梁在

172

7:00—10:00（上班）、17:00—20:00（下班）处于车流量高峰期,通行极其缓慢。场地材料进场若经黄花园大桥,进场时间需避开车流量高峰时段。

（3）南岸区材料运往渝中区路线 3

具体线路:南岸区→菜园坝长江大桥→（菜园坝立交）→长滨路→施工场地。

线路分析:重庆菜园坝长江大桥位于重庆两路口到南坪之间的长江上。菜园坝大桥全长 1 866 m,主桥为两层设计,上层为双向 6 车道,限速 60 km/h;下层为轻轨 3 号线通道。通过车流量调查分析可知,该桥梁在 7:00—10:00（上班）、17:00—20:00（下班）极其拥堵,其他时段车辆通行缓慢。

（4）九龙坡区材料运往渝中区路线 4

具体线路:九龙坡区→菜九路→菜袁路→长江滨江路→施工场地。

线路分析:通过长江沿线车流量调查分析可知,菜九路、菜袁路、长滨路等路段通行较为顺畅,但材料经九龙坡区到建设场地需通过菜园坝立交桥,而菜园坝立交在 7:00—10:00（上班）、17:00—20:00（下班）车流量十分拥堵,其他时段车辆行进也十分缓慢。因此菜袁路、长滨路一侧通行缓慢。

（5）沙坪坝区材料运往渝中区路线 5

具体线路:沙坪坝区→沙滨路→嘉陵江滨江路→朝千路→施工场地。

线路分析:通过嘉陵江沿线车流量调查分析可知,沙滨路、嘉陵江滨江路等路段通行较顺畅,但材料经沙坪坝区到建设场地需通过两座立交桥:一是嘉华大桥在渝中区一侧的华村立交;二是黄花园大桥在渝中区一侧的黄花园立交。两座立交桥在 7:00—10:00（上班）、17:00—20:00（下班）处于车流量高峰期,通行十分缓慢,因此嘉滨路也因这两座立交桥的拥堵而车辆通行缓慢。

通过以上 5 条通往施工场地的路线分析可知,黄花园立交、菜园坝立交是主要交通连接,而这两座立交桥经常处于交通拥堵状态,车辆通行极其缓慢。由于工程体量大,钢筋、混凝土、钢材等大宗物资需进场,所以必须提前与交通管理部门及交警作好交通协调工作,保证运输路线畅通。

9.1.4　场外交通组织方案设计

（1）施工交通组织原则及问题
①设计交通管理措施应配合现状路网结构;
②临时交通改道尽量以不影响现状道路流向为主;
③审核现状路网可能影响临时交通安排的关键元素;
④找出纾解不利因素的方法;
⑤在工程施工前建议优化措施;
⑥尽可能先提升现行路网通行能力,后进行施工或封路。
（2）施工交通组织的掣肘及机遇
渝中半岛 5 条东西走向的干道分别为嘉滨路（朝千路）、新华路、陕西路、朝东路、长滨路,这 5 条干道高差大,以朝天门转盘为中心形成放射型路网,并通过朝天门转盘完成车流的互通。

朝天门广场环岛及部分的新华路、陕西路、长滨路、嘉滨路(朝千路)、朝东路位于项目的建设用地红线内;两个公交总站即朝天门交通广场站与朝天门站也位于项目的建筑用地红线内。经统计,共有 25 条公交线路以朝天门站或朝天门交通广场站为起讫站。在项目开工后,这些交通设施急需拆除或封闭,因此需制订新的交通组织方案,解决进出朝天门地区的交通问题。形成朝天门地区新的循环路网,以解决南北向的交通互通问题,在其他位置为这 25 条公交线路设置临时公交首末站。施工的交通组织方案主要分为公共交通组织方案、社会车辆组织方案以及施工车辆进出朝天门地区的路线。

(3)社会车辆改道

为配合项目施工封路,施工前将进行一系列交通改道工程,为公共交通和社会车辆改道作准备,如图 9.4 所示。

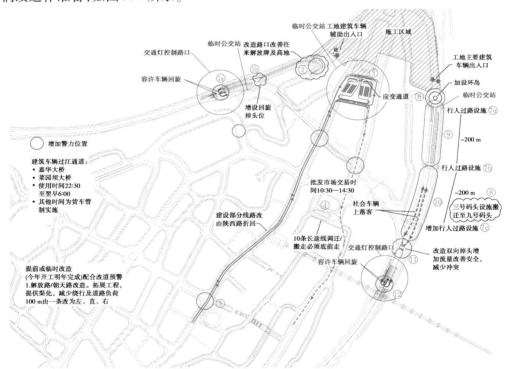

图 9.4 项目建设期间的交通改道相关准备工程

嘉滨路经朝天门前往解放碑、陕西路或新华路一带的车辆,在项目施工封路后,车辆仍可沿棉花街前往朝天门地区。故车辆进出朝天门并不受影响。长滨路在图 9.5 所示位置预先设置路牌标识朝天门地区的交通改道措施,提示长滨路前往朝天门方向的车辆绕行,并建议车辆沿储奇门行街前往解放碑地区、陕西路或新华路一带。相关措施如图 9.5 所示。

图 9.5　嘉滨路及长滨路前往朝天门地区的交通改道措施

（4）工地进出口及建筑车辆过江通道

如图 9.6 所示，工地供建筑车辆进出的两个出入口分别位于朝千路及长滨路上，位于长滨路的是主要出入口，位于朝千路的是辅助出入口。

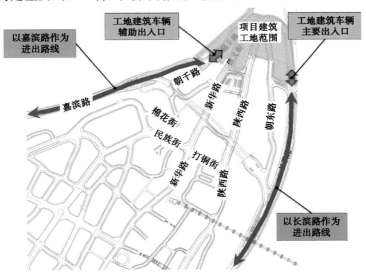

图 9.6　工地出入口

建筑车辆主要由长滨路及嘉滨路进出工地。此外，由于新华路及陕西路在特定时段对货车实施管制，货车可行驶城市道路的时段为晚上 10:30 至次日早上 6:00，因此这两条城市道路也可在上述时段作为进出工地的通道。

在过江通道方面，如图 9.7 所示，建筑车辆可经嘉华大桥及菜园坝大桥 24 h 往来江北及江南地区。长江大桥及黄花园大桥对货车实施管制,可行驶的时段为晚上 10:30 至次日早上 6:00,因此,这两座桥可在上述时段作为过江通道。

图 9.7　建筑车辆过江通道

(5)加强交通管理意识及环境保护措施

1)加强交通管理

临时交通组织实施后,在关键节点安排交管人员,组织疏导往来交通,保持项目施工后朝天门地区的交通顺畅。需要增加交管人员的位置如图 9.8 所示。

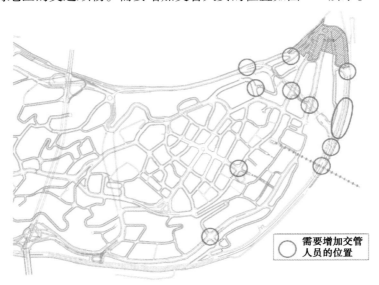

图 9.8　交管人员增加示意图

2）分段加强道路指示标志

分段加强道路指示标志（图 9.9），配合交通改道工程完成。

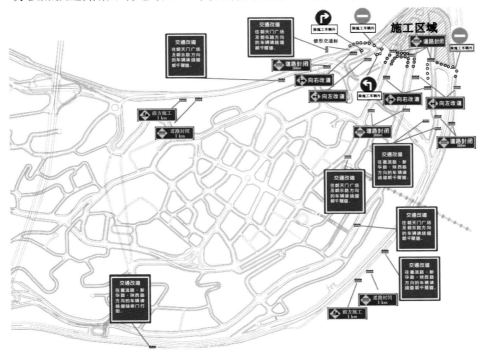

图 9.9　项目施工交通改道标牌布设图

3）加强环境保护

加强环境保护，各部门分管工程施工的气候环境、人员工作环境、设备运行环境，均应符合相关的法律法规要求。

9.1.5　场内交通布置

地下室结构施工阶段：由于长滨路靠朝天门侧高架桥已拆除，路已挖断，材料运输，必须利用场地南侧负二层基底（190～195 m 标高）与长滨路，采用钢栈桥连通后，形成场内环道，用于供料运输，如图 9.10 所示。

裙楼结构施工阶段：A 标段长滨路在 S6 层楼内形成运输通道后开挖长滨路，此时预留部分 S6 层以上裙楼后施工，满足加工场地及大型构件运输卸货需要；B 标段预留区域后施工作为运输通道，待朝千路区域地下室完成后再施工，如图 9.11 所示。

长滨路挖除及结构施工阶段：裙楼、地下室已封顶，可以通过地下室室内顶板与朝东路连通，在场内形成施工通道，确保材料供应。此阶段材料卸料，可将车辆开往裙楼上空天窗处。长滨路侧地下室封顶后，与原地下室顶板道路连通形成环道。

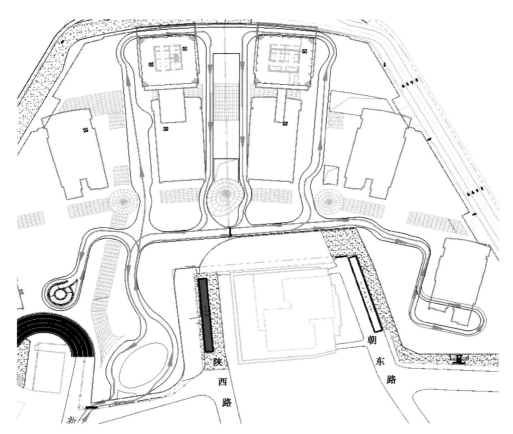

图 9.10 地下室结构施工阶段交通组织流向

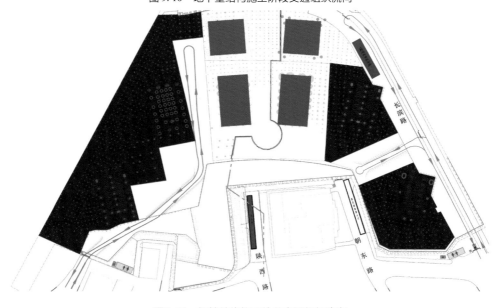

图 9.11 裙楼结构施工阶段交通组织流向

现场实际施工过程中预留施工道路情况如下：A 标段按策划预留长滨路，如图 9.12 所示。B 标段因古城墙发掘（图 9.13）未能按策划预留朝迁路为施工道路，而是修建了一条钢栈桥做临时施工道路，如图 9.14 所示，施工现场全貌如图 9.15 所示。

图 9.12　长滨路按计划保留施工通道，并在内部设置临时施工通道

图 9.13　朝干路古城墙现场

图 9.14 B 标段因施工钢栈桥通道

图 9.15 A 标段（左）场内施工道路、B 标段（右）钢栈桥场内施工道路

塔楼结构施工：利用 S6 层形成的道路及裙楼屋面通道进行材料运输及堆放。

各阶段的平面布置图上已有详细的路线规划，楼层结构过重车及堆载时，需进行结构验算并加固，如图 9.16 所示。

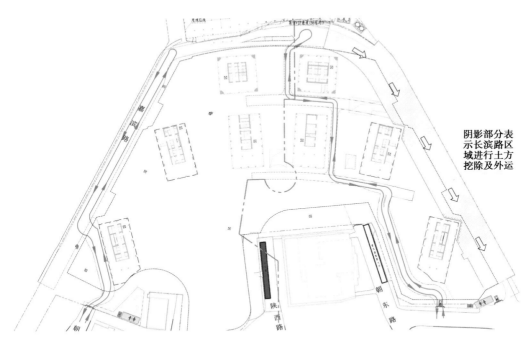

阴影部分表
示长滨路区
域进行土方
挖除及外运

图 9.16　塔楼结构施工阶段裙楼屋面交通组织流向

9.2　重庆来福士项目周边交通困境及突破

针对重庆来福士项目周边交通困境及突破,采访了中建八局马俊达(图 9.17)。

图 9.17　马俊达

马俊达,2012 年入职中建八局西南公司,先后在成都银泰中心(220 m)、重庆来福士(356 m)、重庆新华时尚文化城项目(300 m)履职,曾任技术员、技术主管、技术总工、项目经理等职;曾荣获中建八局青年岗位能手、重庆市青年岗位能手称号。作为主要人员参与编撰的《大型建筑工程绿色施工集成技术研究与应用》曾获 2014 年中建协科技进步二等奖、"重庆来福士项目超高层施工关键技术"曾获 2020 年重庆市科技进步二等奖。

9.2.1　重庆来福士项目周边复杂的交通环境

朝天门是长江上游和西南地区最重要和最大的货物集散地,是长江上游最大的港口码头,两江沿岸设有9个趸船码头。主要依托嘉陵江、长江沿线各码头开展旅游活动,三峡游为三码头、七码头、八码头、九码头(其中以三码头为主);两江游为四码头、五码头、六码头以及四至六码头之间未编号码头。普通客运根据调度在七码头、八码头、九码头等处始发。

公共交通现状:地铁1号线小什字站设5处出入口,分别位于新华路、民族路、打铜街。在朝天门长途汽车站周边,朝东路北段与长滨路北段组成逆时针单向行驶循环系统。信义街因道路坡度过大,不适宜行车,现为车辆停泊场。朝东路南段则因紧邻朝天门批发市场,大量的货运车辆停靠道路两侧且混杂部分长途及社会车辆停靠,难以承担城市道路通行功能,现仅为货运车辆进出通道。朝天门广场的环岛承担着陕西路(上城道路)、朝千路(嘉滨路)、长滨路及朝东路不同方向车流的交汇及疏散功能。一方面,来自长滨路、朝千路(嘉滨路)方向的车辆由此进出陕西路(新华路);另一方面,长滨路与朝千路(嘉滨路)之间的互通也要经过此节点。此外,部分车辆在朝天门广场的环岛实现掉头返回陕西路(新华路)方向。朝天门共有始发线路21条,经停线路5条,可达主城各个方向。主城总共有26条线路进入渝中半岛,嘉陵江以北地区最多,达14条,长江以南地区最少,3条。朝天门地区路外停车场约20个,停车泊位约1 000个;路边停车泊位约400个。

此外,位于渝中区朝天门的重庆朝天门批发市场是中国十大批发市场之一。主要批发销售各类小商品、生活用品、服装鞋帽。其中,皮鞋批发销售全国闻名,是重庆皮鞋批发销售的主要市场。重庆朝天门由于交通运输便利,历来是商贾云集和西南地区重要的商品集散地。

9.2.2　重庆来福士项目周边交通困境

朝天门是重庆市重要的旅游观光目的地、两江四岸城市景观形象的核心展示区,是重庆对外窗口、城市名片、重要地标,也是关注度非常高的热点区域。本项目则是展示朝天门美好未来的一次巨大挑战。

区位条件决定朝天门地区处于"口袋交通"的底部,路网除承担本地区车辆通行需求外,还承担道路交汇转换功能。地形条件决定路网东西向连接困难,道路技术标准低,路网容量较平原地区和其他地区都小。从道路设施的通行能力和服务水平看,研究区域的道路设施都有富余容量,但实际交通运行显得拥挤,原因在于道路的交通阻抗太大,达不到实际通行能力。

朝天门公交枢纽站的布局位置,吸引了进入渝中半岛的大量公交线路长驱直入朝天门地区。由于朝天门是嘉滨路、新华路、陕西路、朝东路、长滨路交汇处和端部,决定了公车车辆必须在朝天门端部调头,从而使朝天门地区承担了不应承担的城市公交枢纽功能。进入渝中半岛的 5 条干道公交载客能力都远大于实际需求量,证明公交运载能力是富余的。

重庆朝天门批发市场素以现金现货交易方式为主,造成市场及周边地区货流秩序紊乱、人流随意过街、停车设施缺乏,市场交易高峰时段新华路和陕西路杂乱无章,影响甚至波及整个朝天门地区。

总的来说,朝天门的区位条件和地形条件决定了朝天门地区的道路设施存在先天不足,需要从转变出行方式、提高交通管理水平等方面来提高该地区的出行便捷性。

9.2.3　重庆来福士项目推动朝天门地区的交通治理工作

来福士项目所在地朝天门是重庆最重要的货物集散码头,拥挤、狭窄、交通混乱;而与之几百米之遥的,却是整洁、有序的解放碑——重庆主城核心、最繁华商圈。此外,由于渝中半岛特殊的"嘴部"地理区位、长期存在的朝天门码头和商贸集市,最终在朝天门地区汇集成旅游码头、公交总站等交通枢纽设施。根据重庆轨道交通规划,重庆地铁 1 号线在朝天门地区设置首末站。因此,长远发展规划也将朝天门地区定位为快捷、安全、舒适、方便的交通换乘集散地。在朝天门地区面临日渐严重的交通拥堵,整个朝天门市场与周边公共设施配套、建筑风貌与重要区位形成巨大落差的情形下,从更大范围上系统整合、改造、更新朝天门地区原有设施及资源便迫在眉睫。为此,2003 年重庆市政府审定通过了《重庆市渝中半岛城市形象设计规划控制管理规定》,确立了朝天门地块商贸、旅游及交通枢纽的发展定位。为落实这一发展目标,渝中区政府计划整体改造朝天门地区,通过公开招标方式引入新加坡凯德置地(开发商),整体打造朝天门来福士广场。"来福士广场"是新加坡凯德置地在各大城市开发大规模综合项目的旗舰品牌,是集大型购物中心、高端住宅、办公楼、服务式公寓和酒店为一体的城市综合体。在重庆来福士项目内有陆地和水运的各种公共交通设施汇聚于此(包括公车站、地铁站和港口码头)。长期以来由于朝天门市场和解放碑商圈对朝天门地区交通造成的巨大压力,该地区现有码头、公交总站所引发的人流车流和过境交通的混杂,使该地区的路网梳理和交通环境的改善尤为关键。此外,朝天门地区是典型的重庆山地,地势高差变化复杂,道路交通掣肘颇多。因此,系统地、有针对性地对项目及其周边地区的交通展开综合研究是确保相关开发规划和建筑设计的重要前提。

9.2.4　重庆来福士项目所在地朝天门区域交通环境的提升

重庆来福士于 2012 年 9 月举行开工仪式,经过多年打造,各业态已陆续开业面市。事实上,为配合区域性整体提档升级规划,实现未来解放碑——朝天门"双核"超级商圈联动,满足区域内公众的出行需求,重庆来福士项目在开发伊始,即以前瞻的视野和坚定的信心,为这座未来之城打造完善、全面、立体、可扩展的综合交通网络,如图9.18 所示。

图9.18 内部交通

朝天门公交枢纽总站位于重庆来福士 LG 层,规划了 10 余条公交线路可以通往重庆各区域,目前已有 181、382、503、871 共 4 条公交线路在正常运营。地铁 1 号线起始站——朝天门站,设 6 个出入口,其中 1、2 号出入口接陕西路,如图 9.19 所示,3 号出入口接重庆来福士,4 号出入口接朝千路和新华路,5 号出入口接朝千路,6 号出入口接浙商地下商业。如此设计,可将朝天门地区公共交通一并纳入来福士商场内。可全面优化朝天门地区交通功能,实现人车分流,科学规划人流和车流,各行其道;还可借助智能科技,更好地控制和分流,实现区域交通流畅有序。

图9.19 轨道交通一号线入口

为了实现朝天门立体交通系统,如图 9.20 所示,来福士项目聘请了专业的交通顾问团队。在经历了基础资料分析整理、预测假设条件、建立分流模型、公交站至地铁客运转移量分析及评估等一系列专业的前期调研工作后,着手对项目交通进行规划及设计,既要在设计上克服山丘地形带来的大水平差,又要满足消防等方面的严格要求,最终形成了重庆来福士"行人系统连贯,以商场为主基地,连通朝天门广场、上下城道路、轮渡码头及地铁站"的整合交通方案,通过商场中转形成有机的立体交通系统,如图 9.20 所示。

图 9.20　朝千路高架桥环路

　　依托 TOD 模式,重庆来福士形成了完善且高效的立体交通模式,通过全业态、高品质的品牌组合及丰富的建筑空间,实现了消费者与商业空间的完美衔接,高效串联了出行、工作、休闲、娱乐、生活等方式,大大地节约了时间成本、交通成本、生活成本,呈现出一个充满活力的都市生活圈,堪称 TOD 商业综合体样板之作,如图 9.21 所示。

图 9.21　外部交通

重庆来福士,集地铁、公交、轮渡等多种公共交通方式于一体,成功地构建起中国西部首屈一指的大型城市交通生态体系,如图9.22所示。这一模式不仅前瞻地满足了综合体的当下和未来需求,还为社区交通网络构建实现跨越式发展提供了范本。

图9.22　立体交通模式

第 10 章
安全管理工程

10.1 项目安全管理的重点

重庆来福士项目体量大、工期紧、总平面布置制约因素多,地处繁华旅游区、商品集散地,交通拥挤,如图 10.1 所示,场内外运输难度大、防洪度汛及防扰民要求高,本项目安全管理工作主要存在以下重难点,见表 10.1。

图 10.1 项目周边建筑

表 10.1　项目安全管理工作主要存在以下重难点

序号		重难点
1	可使用场地小	分包单位众多,工程体量大、工期紧,临近建筑物多
2	工期紧	总工期要求为 48 个月,地下室和裙楼结构施工时间为 22 个月,工期紧
3	交通组织难度大	项目位于渝中半岛 CBD 中心区域,社会车辆多,交通压力大;场内的重庆市规划展览馆通道,加大了交通组织难度
4	防洪度汛难度大	本项目东侧为长江、西侧为嘉陵江,根据水文资料,近几年最高洪水位均超过了 180 m(本项目裙楼区域基底标高为 180.55 m)
5	防扰民要求高	场地南侧为基良广场,防扰民要求高,与场地周边环境协调难度大
6	场地地质条件复杂	基岩上部土层主要为人工填土层、卵石土、基岩。场地地下水与长江水联系密切,连通性好,地下水位与长江水位基本一致

10.2　现场安全管理纪实

来福士项目安全管理始终秉承落实到位,不松懈,不骄傲,持续努力争创更加优质业绩的原则踏实工作。

图 10.2　张向东

张向东(图 10.2),凯德中国重庆来福士项目安全经理。曾在港资企业及其他外资企业从事多年环境安全管理,拥有丰富的现场安全管理经验。

10.2.1　智慧安全管理

项目部建立以门禁+OA 系统为基础的积分制管理体系和安全管理平台。

凡进场作业人员以身份证做门禁卡,录入对应安全帽编号,每位人员预设 12 分安全积分。管理人员只需手机下载 E-mobile 软件,如图 10.3 所示,现场检查发现违章后可立即拍照,通过系统搜索对应安全帽编号进行上传,系统将自动扣分,并上传至门禁处显示屏进行公示,如图 10.4 所示。

图 10.3　E-mobile 软件页面

图 10.4　门禁处显示屏公示

10.2.2　工种安全管理

项目部按照管理人员及操作工人的工种,分发不同色系的反光背心进行区分,如图 10.5 所示。

10.2.3　安全通道管理

安全通道是人车分流(图 10.6 和图 10.7)、工地限速限载(图 10.8 和图 10.9),防止高空坠物的关键。

图 10.5　不同色系的反光背心

图 10.6　现场 1#安全通道　　　　　图 10.7　人车分流

图 10.8　安全通道内使用节能灯带进行照明　　　图 10.9　限速限载

10.2.4　环境安全管理

移动式雾炮降尘车(图 10.10),可以辅助喷淋系统对场区内空气进行净化,其适用范围广、射程远、覆盖面积大、雾粒细小、操作灵活、使用安全可靠;喷雾速度快,对物体有较强的穿透力和雾珠附着力、能有效地节约用水,减少环境污染,工作效率高。

图 10.10　移动式雾炮降尘车

集成式环境实时监测仪与喷淋联动系统(图 10.11),与传统的环境监测方法相比,可实现对施工现场 $PM_{2.5}$、噪声、温湿度、风力的自动、实时和连续不间断的监测,并将 $PM_{2.5}$ 和温度监测与自动喷淋系统联动。系统由数据采集、数据显示、远程控制 3 个部分组成。

图 10.11 集成式环境实时监测仪与喷淋联动系统

10.2.5 安全教育管理

项目部在大门处设置应急物资库房,并要求所有参建单位结合各自施工内容设置应急库房,如图 10.12 所示。项目在现场布置应急疏散路线图、应急导线牌等,在主要通道口张贴应急救援公示牌,对应急救援责任人、联系方式、应急救援医院、应急逃生路线等进行公示,同时项目以图文、手册、宣传画的形式广泛宣传应急救援知识,救援注意事项等,确保受伤人员在黄金救援时间内得到初步救援保障的同时防止错误救援方式带来的二次伤害。

夏季施工期间,督促做好防暑降温工作。设置工人临时休息区,配备休息设施、应急箱、吸烟区、移动厕所、分类垃圾桶、健康安全知识读本等物料,体现对工人的人文关怀。

图 10.12 应急物资库房

　　结合现场施工生产情况、季节性特点等因素,项目联合业主、监理组织分包单位先后开展了柴油泄漏、高温中暑、消防、触电、防汛、高空救援等应急救援演练活动(图10.13—图10.16),通过演练切实提升了广大职工的应急救援能力,最大限度地减轻财产损失,维护广大职工生命财产安全。

图 10.13　触电救援演练

图 10.14　模板坍塌应急演练

图 10.15　急救基础知识培训

图 10.16　多媒体安全教育箱

　　劳务人员入场后,项目组织进行安全教育,收集身份证复印件并敦促在一周内完成体检,建立入场档案。项目建立了农民工夜校,积极开展教学活动,组织农民工参加重庆市、社区等举办的培训教育活动(图10.17),提高农民工综合素质。

图 10.17　培训教育活动

　　项目定期开展安全领导小组合署办公,并将近期工作进行总结,对表现较好的劳务、分包单位及个人进行奖励,如图10.18所示。

图 10.18　项目开展"安全月"知识竞赛活动

10.2.6　安全管理制度

项目组建以业主牵头的 EHS(环境、职业健康、安全和卫生)管理体系。以业主项目开发总吴焕忠先生为主任,业主专职 EHS 经理张向东为执行主任。该体系包括监理总监、专监、施工单位项目经理、生产经理、机电经理、安全总监、各片区工长;分包项目经理、生产经理、安全员、带班班长,横向到各专业、纵向到各班组带班班长,覆盖现场所有施工区域的 EHS 管理体系。

项目坚持以检查促安全,以整改落实安全的原则建立周安全检查、专项安全检查、月度安全趋势分析制度,如图 10.19 所示。

项目每周二组织安全周检查,甲方、监理单位安全负责人,项目部项目经理、工程部、技术部、安全部、分包单位项目经理、安全负责人参加检查,对检查发现的安全隐患以图片形式在总结会上逐条播放,定责任单位、定责任人、定措施、定标准限时整改,并下发安全隐患整改通知单监督落实,督促分包单位在规定时间内整改完成,并附整改前后对比照片,未按要求回复将从重处罚,直至停工整改。

每周三、周五轮流开展外架、临时用电、消防、机械设备、基坑、危险化学品、生活区专项检查。

项目每月第一周召开项目安全监管分析会,由安全部总结、介绍当月安全监管工作、安全运营趋势、工作的不足及下月安全监管工作计划。分包单位项目经理、安全员参会,并对各自单位安全监管工作进行总结,以发现本月工作的不足和下月应改进之处。

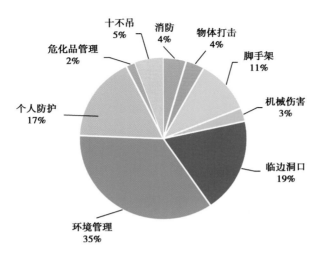

图 10.19　3 月份整改隐患类型分布图

10.3　安全管理成果

本项目在管理过程中取得了很多荣誉,先后获得国家、重庆市及业主等授予的各种安全管理奖项,如图 10.20—图 10.23 所示。

图 10.20　2015 年获业主颁发 "百万小时安全生产无事故奖" 奖牌

图 10.21　荣获全国建筑业绿色施工示范工程

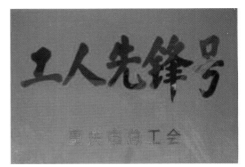

图 10.22　荣获重庆市青年安全生产示范岗和工人先锋号

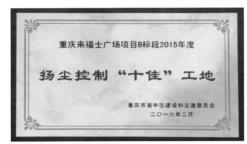

图 10.23　荣获重庆市扬尘控制"十佳"工地和安全文明"十佳"工地

第 11 章
工程管理

11.1　项目工程管理纪实

房地产项目开发管理模式经过多年的探索与实践,管理层级大致形成 3 级:第一,集团与项目公司之间的管理层级;第二,项目公司与承包商之间的管理层级;第三,现场工程管理及管理软件和信息化。

11.1.1　集团总部与项目公司工程管理细则

明确集团总部、项目公司之间的责权利,工作界面及工作内容清晰,是来福士项目工程管理的成功之处。

(1)管控范围分工

1)集团工程管理部门

集团工程管理部门包括设计部、成本部、招标部、项目管理部,负责公司所有在建项目的成本、质量安全、工期等方面关键事项的支持,工程管理部分为专业线管理和质量安全管理。集团职责:

①设计部主要负责集团建筑设计相关工作的专业线管理,以保证建筑专业设计符合集团标准。

②成本部主要负责集团成本相关工作的专业线管理,以保证成本管理相关工作符合集团标准。

③招标部主要负责集团各项目的招标组织,包括招采,确定主要设备、材料的采购、品牌等。

④工程管理部——专业线管理:负责集团项目管理相关工作的专业线管理,以保证项目管理相关工作符合集团标准。

⑤工程管理部——质量安全管理:负责集团质量安全管理相关工作的专业线管理,常驻各项目监督项目质量安全,与项目公司协调并监督质量安全缺陷整改到位,以保证项目质量安全管理相关工作符合集团标准。

2）集团专业技术小组

①集团设计专业技术小组：由集团设计部负责人协调和组织各专业设计负责人审核设计各阶段相关图纸，进行技术把控。

②集团成本专业技术小组：由集团成本部、招标部负责人负责协调和组织成本部、招标部和项目管理部专业线管理人员，把控与成本有关的专业线管理。

③集团档案专业小组：由集团档案管理负责人负责协调和组织各项目档案管理人员进行档案管理，开展档案管理相关工作。

④集团工程管理部：由集团质量安全管理负责人负责协调和统筹各项目公司的质量安全小组，开展质量安全管理相关工作。

3）集团专业线管理职能

组织编制总控计划、施工组织、质量安全等按照审批权限行使有关职责。集团项目管理中心具体职责：

①负责概念设计、规划设计、方案设计、顾问有关设计（包括建筑方案及外立面设计）、园林、室外标识和LOGO方案设计及对项目公司承办的后续相关设计和其他各专业（包括并不限于建筑、外立面、园林、基坑支护、结构、幕墙、门窗、精装修、室内/外标识和LOGO、机电、灯光、厨房设备、洗衣房设备、AV设备等）设计工作进行全过程审核，提出专业意见供项目公司执行，以确保符合集团相关设计质量安全标准。

②建立工程管理、成本管理、招采管理、质量安全管理等工作规范，对项目公司相关人员进行培训，监督相关工作规范的执行情况。

③负责设备、材料品牌库的建立及维护，审核项目公司申报的项目设备、材料品牌，尤其是品牌库之外的新增品牌；审核合同变更品牌。

④负责顾问和承包商名单库的建立和维护，审核项目公司申报的资格预审名单和招标名单。尤其是提名的新名单，需进行严格审核以确保符合集团的有关规定。

⑤负责顾问和工程招标工作各环节的全过程审核及监督。

⑥负责总控计划及各专项计划审核及全过程监督。

⑦工程合同、合同变更、付款及结算的全过程审核。

⑧审核材料样板、施工样板，尤其是涉及外观效果的各类样板需进行详细监管。

⑨审核项目施工质量安全情况，定期出具质量安全报告，提出整改意见。

4）项目公司全面负责

所建项目的外联协调（建设阶段）、进度、质量安全、成本、安全文明施工的全面管理，负责对设计顾问、承包商、材料商、监理公司的全面管理，是对外协调的统一出口，包括：

①架构组成及职责：项目公司项目管理包含设计组、成本组和施工组，分别对应集团项目管理的设计部、成本部、招标部，项目管理接受集团专业线管理。

②项目公司需遵守集团专业线管理制度。

5）项目公司具体职责

①编制总控计划、报建计划、设计计划、招标计划、结算计划、施工进度计划和重要工期节点并按计划实施。

②概念设计、规划设计以及方案设计、顾问设计工作之外的所有设计工作。

③施工期内对施工质量安全、工期进度、成本和安全文明施工的全面管理；施工期内材料、设备品牌的管理，及品牌变更和补充申报至集团审核，按集团规定报批；施工期内合同变更的管控和变更费用申请；施工期内相关成本工作按规定报批，除授权项目公司审批之外，需接受集团相关部门审核；施工期内的付款和 CI（工程确认单）按权限完成审批后，由项目总经理签发；施工期内设计冲突协调、变更和深化的全面管理。

④负责对工程合同及其承包商、材料供应商的全面管理；负责对顾问合同及顾问单位的全面管理（方案设计顾问管理以集团设计部为主、项目公司全过程参与及协助）；负责所有承包商、材料供应商、顾问合同的结算工作。

⑤负责对监理公司的全面管理。

⑥负责所建项目的政府及外联的协调，项目施工许可证前的政府主管部门重要专项审批协调，如用地规划许可、工程规划许可等；包括但不限于工程规划和施工许可证后续施工证件的办理以及工程验收各项外联工作。

⑦负责顾问和承包商名单库的建立和维护，审核项目公司申报的资格预审名单和招标名单。尤其是提名的新名单，需进行严格审核以确保符合集团的有关规定；负责顾问和工程招标工作各环节的全过程审核及监督；负责总控计划及各专项计划审核及全过程监督。

⑧工程合同、合同变更、付款及结算的全过程审核。

⑨审核材料样板、施工样板，尤其是涉及外观效果的各类样板需进行详细监管。

⑩审核项目施工质量安全，定期出具质量安全报告，提出整改意见。

6）各项目公司和集团人员之间的调动（包括长期和短期）

通过集团相关专业负责人和相关部门协调，按公司人事管理流程审批，见表 11.1。

（2）阶段管控职责分工

1）设计阶段

集团负责建筑概念设计、规划设计、园林（含室外标识和 LOGO）方案设计及方案设计顾问负责的设计工作，并按权限对项目公司设计工作的全过程进行审核。

项目公司全面负责跟进建筑概念设计、规划设计、园林（含室外标识和 LOGO）方案设计、方案设计顾问设计范围之外的所有设计工作，包括方案设计、初步设计、招标图纸设计和报建版、实施版施工图纸的设计和顾问公司的管理工作，包括负责跟进管理层的设计调整要求及后续方案类设计变更。

表 11.1　管理授权表（以工程管理为例）

事项	项目公司					集团							CEO	备注
	项目部	财务部	法律部	项目总监	项目总经理	成本部、招标部	设计部	项目管理部 专业线管理	项目管理部 质量安全管理	财务部	法律部	项目管理中心总经理		
7. 工程管理														
7.1 施工阶段														
7.1.1 进度计划（审批版）	R			V	A			C						
7.1.2 施工组织设计、总施工方案（审批版）	R			V	A				C					
7.1.3 主要专项施工方案（审批版）	R			V	A				C					
7.1.4 主要设备、材料报审（合同品牌）	R/A													
7.1.5 主要设备、材料合同品牌变更	R			C	V	C	C	C	C				A	
7.1.6 内外装饰材料样板及施工样板	R			C	V			C	C				A	
7.1.7 非装饰各专业材料样板	R			V	A			C	C					
7.1.8 非装饰各专业施工样板	R			V	A			C	C					
7.1.9 工厂检查	R			V	A			C	C					
7.1.10 施工质量安全、安全日常检查	R			V	A				C					
7.1.11 工程质量安全巡查									R				A	
7.1.12 工程质量安全巡查问题回复	R			V	A									
7.2 竣工验收阶段														
7.2.1 工程分部验收	R			V	A	C	C	C						
7.2.2 工程竣工验收	R			V	V	C	C	C					A	
7.2.3 节点完工日期确认	R			V	V	C	C	C					A	

续表

事项	项目公司				集团								CEO	备注
	项目部	财务部	法律部	项目总监	项目总经理	成本部、招标部	设计部	项目管理部 专业线管理	项目管理部 质量安全管理	财务部	法律部	项目管理中心总经理		
7.2.4 竣工日期确认指令	R			C	V	C	C	C					A	
7.2.5 竣工资料和图纸	R			V	A	C	C							
7.2.6 工程移交	R			V	A	C	C	C						
7.3 工程维保														结合物业权限
7.3.1 缺陷清单	R			A				C						
7.3.2 缺陷整改	R			A				C						
7.3.3 履约证书	R			A		C	C							

R 承办
C 审核　该审批事项可调整,如由项目总经理审批调整为项目副总经理或项目总监,由 MD(董事总经理)根据各项目情况作出相应授权
V 核实
A 批准

2)施工阶段

项目公司需组织实施版施工图纸的设计交底和图纸会审工作,并负责后续与设计院、顾问的设计协调,设计冲突协调、变更和深化的全面管理,直至工程完成并绘制竣工图纸;原则上应按图施工,除非属于设计矛盾或冲突,设计方或管理层的主动设计优化或更改。涉及建筑方案效果的设计变更无论有无造价变更都需提交集团审核;项目公司应按土地合同及公司要求编制总控计划,并在此基础上编制报建计划、设计计划、招标计划、施工进度计划和重要工期节点、设备材料报审计划、施工样板计划,并按计划安排相应专题审核。为保证项目公司工作进度,原则上集团不审核过程版图纸及样板,仅审核项目公司审批版的图纸及样板;进度计划(审批版)、施工组织设计、总施工方案(审批版)、主要专项施工方案,也需报集团审核。项目公司需按要求提前制作施工样板,经集团审核及根据权限审批后,方可进行整体施工;集团审核现场施工内容包

括是否满足设计标准、质量安全标准以及建筑设计意图、美观和效果。

3）工程标的招投标阶段

由集团招采部提出相关工作，包括招标单位的考察、建议招标名单、招标图纸和技术规范、标段划分、招标工作范围和工程界面、评标面试、评标推荐报告等，各环节工作须经集团各相关部门审核，按规定由管理层进行审批。各部门根据公司规定对所有的总包、分包单位进行打分和建议，个别有不良记录、综合实力不足或诚信度低的承包商项目公司应列入黑名单，提交综合评估。其中，主要顾问和主要工程的招投标工作须在集团开标、组织议标和招标汇报。

（3）专业职责分工

1）外联协调部分

除开发部门前期拿地的开发工作外，项目建设阶段施工许可证下发前政府主管部门审批的外联工作、施工建设阶段许可证及后续的外联工作均由项目公司全面负责，包括但不限于施工报建、过程修改、专业验收和竣工验收、政府备案等。在报建过程中需集团配合部分由集团项目部、设计部提供配合支持工作。

2）工程进度计划的编制、监督工作

项目公司应编制项目工程的总控计划（第一版），经集团相关部门审核后报送管理层审批；总控计划如需修订，由项目公司负责，经集团相关部门审核后再次报送管理层审批；项目公司制订报建计划、设计计划、招标计划、结算计划、施工计划等专业计划，每月更新计划完成情况；各承包商进场后制订详细的施工进度计划，由项目公司审核是否与公司内部的施工进度吻合，批准后执行。项目公司需每月更新进度计划的实际执行报表，如有延误情况及时提出解决措施；如涉及合同规定的节点工期，应按合同规定作出工期延误评估，经集团有关部门审核后报管理层审批；工期如发生延误，项目公司应采取相应措施加快后续进度和优化工序来及时调整。工期的执行和评估均应遵照合同规定原则执行。

3）安全、质量安全和文明施工监管

集团负责制订各专业工程的质量安全实施标准与管理细则，并负责审核项目公司对质量安全的实施与落实情况；项目公司负责对现场施工质量安全，安全文明施工的全面管理并承担责任。各专业工程，需按要求完成施工样板（样板先行）；各项目公司由专职人员进行质量安全管理，定期向集团提交质量安全报告，并根据需要由集团调派到其他项目进行交叉互检；质量安全监管小组实施定期质量安全巡查，采用不合格销项制度验收等。

4）成本管理工作

项目公司主办 VAF（工程变更申请单）资料，按权限提交集团审核；集团成本部、招标部审核项目公司的 EOT（工程延期申请）报告；集团成本部、招标部评估项目公司重大设计变更的合理性与必要性；项目公司负责各承包商的付款申请，经集团成本部、招标部审核并按相关流程审批；项目公司负责各顾问单位的付款申请，经集团成本部、招标部审核并按相关流程审批;方案设计顾问由集团设计部负责设计管理的工作内容,其付款需增加集团设计部审核;项目公司负责各承包商的结算申请,经集团成本部、招标部审核并按相关流程审批;项目公司负责各顾问单位的结算申请,经集团成本部、招标部审核并按相关流程审批。

5)项目公司专业经理的招聘、工作汇报和年终考评

项目公司各专业经理级人员由项目公司负责招聘,并在入职后以及工作期间参加集团组织的培训;项目公司专业经理级以上人员由项目公司和集团相关部门双重管理,年终考评由集团和项目公司共同打分,分数占比以人力资源及行政部有关规定为准。

6)会议及月报等制度

项目部会议由项目公司根据项目需要定期组织,积极推进项目各项工作。涉及区域工作内容时,应提前提出会议议题、参会人员,并提交会议资料。项目部负责编制项目月报,全面反映项目基本情况、报建进度、设计进度、顾问聘请、工程招标、施工进度、材料报审进度、技术审核进度、结算进度、成本状况、付款及结算进展、质量安全等有关情况。项目月报每月底更新,经集团有关部门审核后,报送管理层审阅。

11.1.2 项目公司对承包商各分项工作规程及控制流程

来福士项目在工程管理各方面均实行规范化管理,各分部分项制订明确的管理规程,包括节点主要任务、主要工作、工作内容、具体工作目标等,见表 11.2(各分部分项具体工作不再展开)。

表 11.2 各分部分项工作规程

工作规程		发行编号及日期			
编号	名称	如 2013 版	1	2	3
1.1	工程质量管理系统检讨	13.01.04			
2.1	工程质量管理计划的制订	13.01.04			
3.1	合同审核	(另见合约部工作指引)			
4.1	工程设计控制	13.01.04			
4.2	深化设计控制	13.01.04			
4.3	租赁及销售的设计控制(有待补充)	不适用			
5.1	工程质量管理系统文件控制	13.01.04			
5.2	工程文件控制	13.01.04			
5.3	图纸管理和控制	13.01.04			
5.4	参考资料控制和管理(有待补充)	不适用			
6.1	投标单位表现评估	(另见合约部工作指引)			
6.2	标书评审控制	(另见合约部工作指引)			
6.3	工程材料采购控制	(另见合约部工作指引)			

续表

	工作规程	发行编号及日期			
6.4	服务中单位的季度表现评审	13.01.04			
7.1	甲供材料控制	13.01.04			
8.1	项目管理过程控制	13.01.04			
8.2	施工方案审批	13.01.04			
8.3	工程监理管理	13.01.04			
10.1	施工单位进场材料控制	13.01.04			
10.2	工程材料、设备审批	13.01.04			
10.3	工程检查和验收	13.01.04			
10.4	工程竣工检查验收	13.01.04			
10.5	供货单位厂房检查	13.01.04			
11.1	检验、测量及试验仪器的控制(有待补充)	不适用			
14.1	纠正行动及预防措施	13.01.04			
16.1	工程质量文件及记录控制	13.01.04			
17.1	内部工程质量审核	13.01.04			
18.1	内部员工培训	13.01.04			

　　项目公司制订了详细的管理流程对各施工单位进行规范管理,具体管理流程如下:

(1)施工进度总计划报审

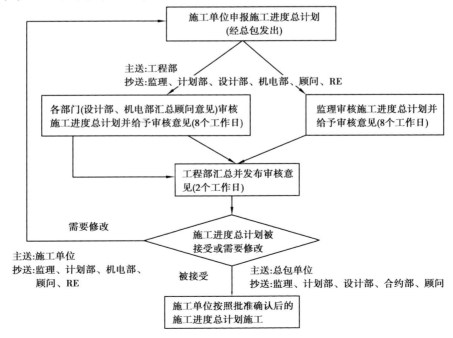

（2）施工组织设计/方案报审程序

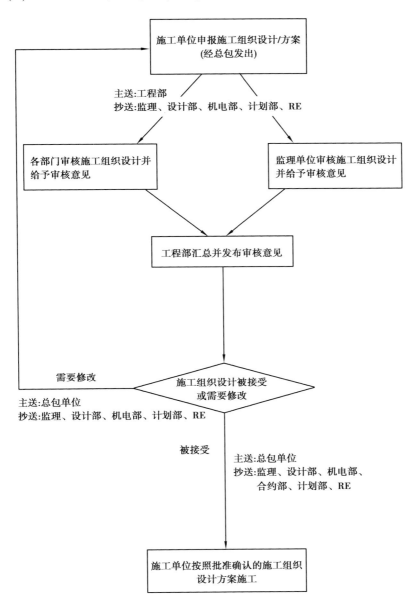

（3）分包单位资格报审程序

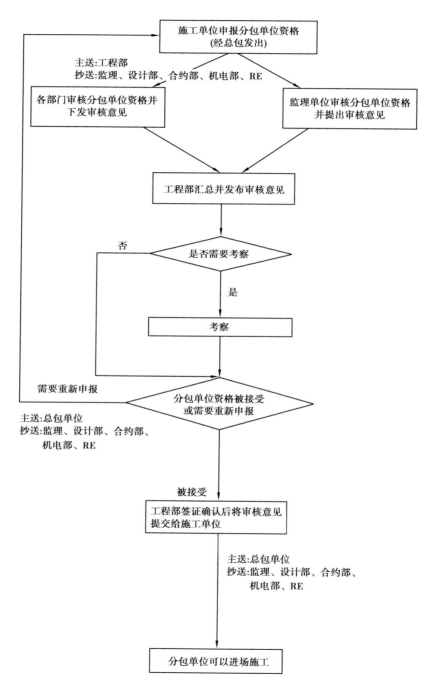

（4）工序质量/施工测量报验

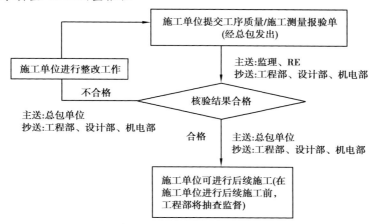

（5）施工技术方案/工艺报审/材料报审/设备报审

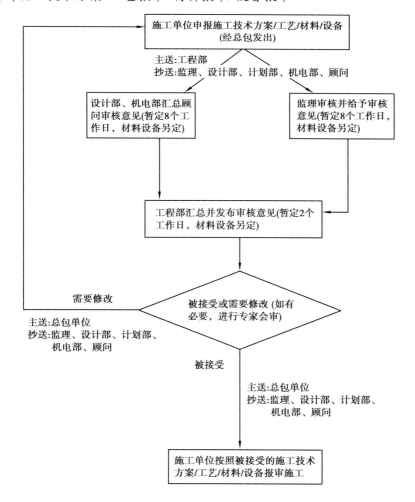

（6）材料、设备申报程序

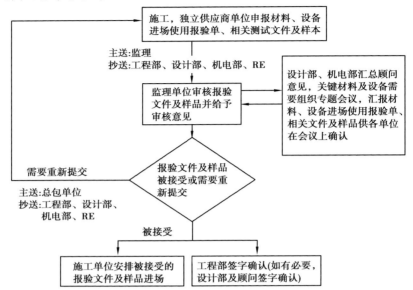

（7）施工深化图纸审核流程

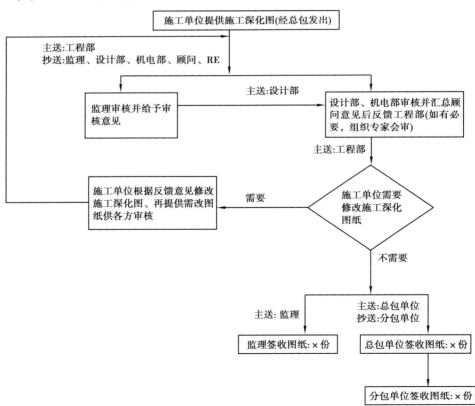

(8)施工图纸/变更施工图纸分发流程

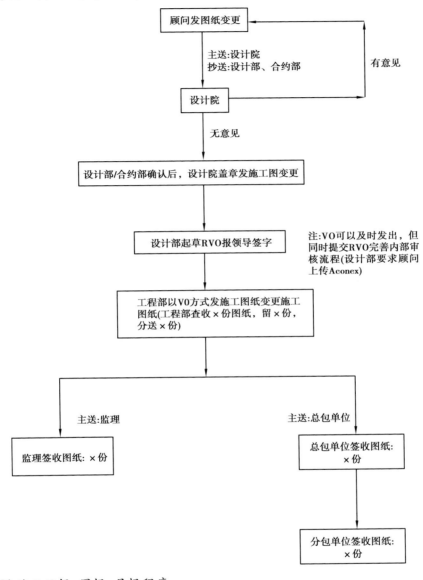

(9)施工日报、周报、月报程序

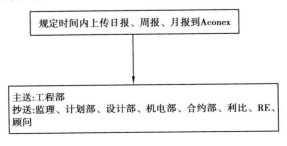

(10) 技术变更 (洽商) 记录程序

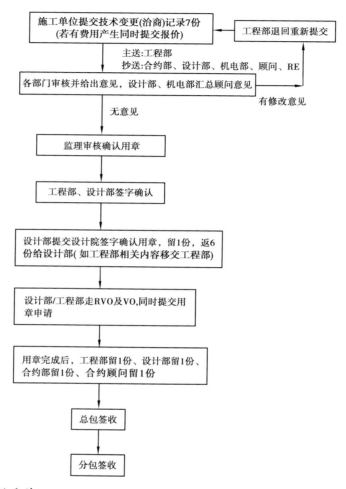

(11) 工程联系单

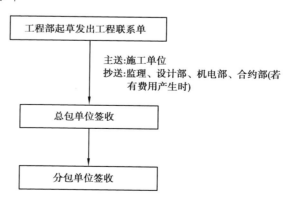

（12）总包/分包问卷发放

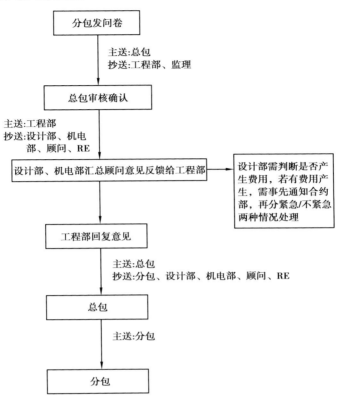

（13）工地备忘录

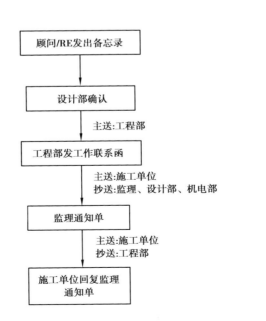

（14）紧急情况处理程序

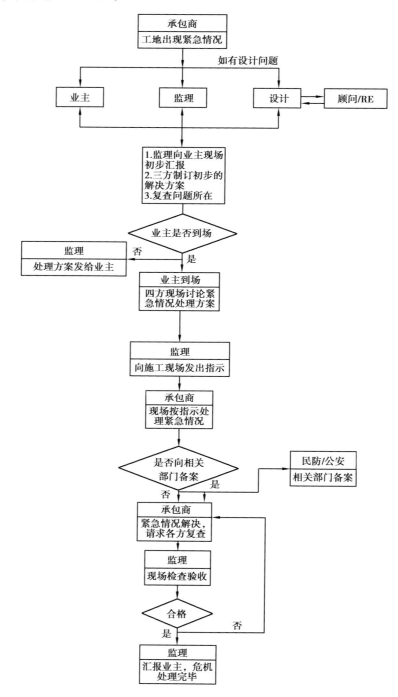

　　紧急情况包括台风、火灾、地震、洪水、暴风雪、人员伤亡、群殴、建筑主体移位、建筑主体坍塌等情形,故我们建立了现场施工紧急情况的监测和预警机制。如建立专人巡查制度,24 h 值班制度,鉴别可能的风险和对策的专题会议制度等。若判断有费用产生则及时通知合约部知晓。

（15）安全文明施工管理程序

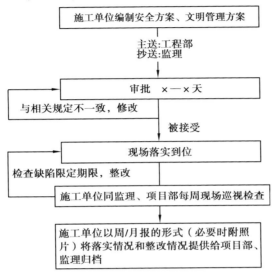

（16）LEED 月报报审程序

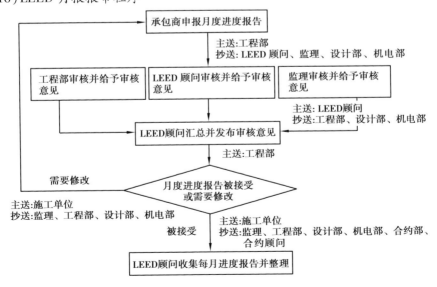

（17）LEED 施工总承包工作流程

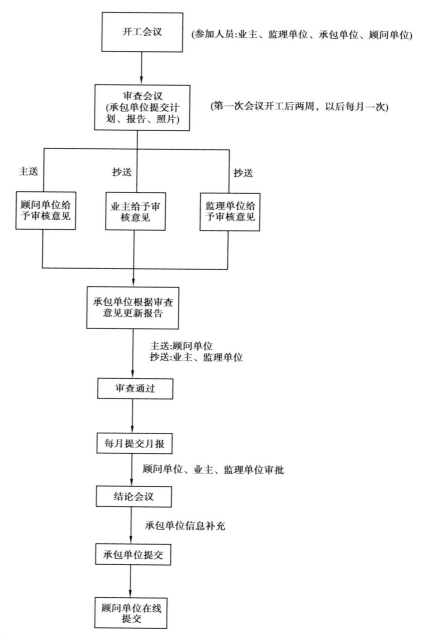

注：相关规定是指包括但不限于重庆市政府有关规定、LEED 要求、凯德绿色建筑指南中的安全文明措施，环境保护要求。

（18）标题的标准化

RCCQ:A或B	\ 专业	\ 位置	标题
A标段或B标段	建筑或结构或机电或现场或幕墙或精装，估算	如裙楼S1或塔楼1,2,5,6	标题需描述清楚

RCCQ: A or B	\ Discipline	\ Location	\ Subject matter
Zone A or Zone B	Archor ST or MEP or Site or CW or 1D Of QS	E.g. Podium S1 or tower 1,2,5,6	Subject to be described clearly

11.1.3　现场工程管理及管理软件和信息化（介绍几种常见管理软件）

现场工程管理,主要监督以上流程和规程的执行情况,在管理手段上主要应用以下管理软件:

（1）BIM（Building Information Modeling,建筑信息模型）的应用

BIM 在本项目中的建模任务主要包括:结构模型建模（Structural Modeling）、基本建筑模型建模（Base Architectural Modeling）、结构及建筑模型校对（Internal Model Verifica Aon）,如图 11.1 所示。借助 BIM,主要开展土建结构、钢构、机电和幕墙施工过程中的碰撞分析,生成碰撞报告,每个碰撞报告都提交中联院技术团队检定核实和提出解决问题的建议,再通过 BIM 会议由有关顾问确保方案可行性,如图 11.2 所示。

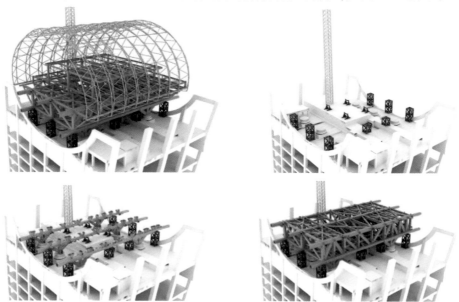

图 11.1　BIM 在观景天桥施工中的应用

图 11.2　2020 年 1 月 18 日通过"十三五"国家重点研发计划示范工程验收

（2）Aconex field 管理系统

1）Aconex field 管理系统基本介绍

Aconex 为世界建筑工程项目提供云计算解决方案管理项目信息和流程，Aconex 可在多个项目和组织之间进行协作，从开始构思到项目竣工、交接以及运营全过程，Aconex 项目管理平台一直致力于为业主和承包商在全项目范围内实现可见性和控制性。

该系统能够实现：确保单点数据参考源，问责制和数据采集；控制文档和模型的分发和修订；实时管理团队之间正式的项目通信；在多个组织之间实施流程和管理审批。

管理归根结底是人的管理，根据不同阶段的管理任务及特点，Aconex 主要应用在施工阶段，如图 11.3 所示。

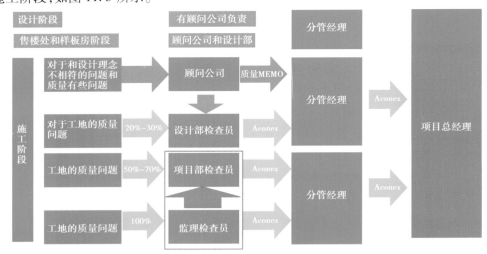

图 11.3　Aconex 在各阶段的应用

①设计阶段和样板房阶段，实行总经理领导下的设计经理负责制，在此阶段，不使用 Aconex field 平台。

②施工阶段的各种工序、工艺、实体样板,作为工艺标准的里程碑,是总经理领导下的设计、项目部经理负责制,也不使用 Aconex field 平台。

③进入正式施工,实行总经理领导下的项目经理负责制,区域监理检查员 100%覆盖巡查,区域项目部检查员(50% ~70%)监督巡查,向上级主管高级经理负责。在此阶段,设计部的主要任务是提出现场与设计理念不相符的缺陷,定期巡视工地(20% ~30%),缺陷上传平台;顾问公司在现场发现的缺陷以 MEMO 形式下达有关单位;驻场 RE 可以使用平台。

④Aconex field 委员会,下设住宅组、办公楼和 HOTEL 组、裙楼组,负责解决平台在使用过程中的问题;组织检查工作的观摩学习;月度总结报告分析。

2)Aconex field 平台和工具

①设定标准。用各种样板房设定质量标准,为以后精装修分包投标设定了整体质量基准。精装修分包进场后的各种工序样板和演示,为以后工作订立了施工工序。参照各种完成面样板,为以后工作设定了工艺标准、机电要求的样板和展示,如管井管道排布等。

②执行平台。执行平台的主体是 60 名检查员。根据设定样板,利用 Aconex field 平台开展缺陷日常检查;根据工序展示,Aconex field 平台中的检查表,用于界面隐蔽工程的验收。

③管理平台。管理平台是中枢——项目部采用 Aconex 智慧管理平台,如图 11.4 所示,高效能监管施工现场。

④平台监督。平台责任人是项目部区域主管高级经理。监理和业主区域主管,对缺陷整改过程中的不到位、不及时现象,要进行通报和处罚;Aconex field 委员会主导简报、统计、学习观摩;顾问公司不定期巡视工地的质量 MEMO;领导组织的巡视工地 MEMO。

图 11.4　Aconex field 平台

3)使用 Aconex Field 量化管理目标

①关于日常的工地巡检,质检员(监理员)通过 Aconex Field 输入或扫描二维码进行现场拍照、勾选缺陷、标准化描述,便于统一归纳。

②关于日常的界面检查,借助 Aconex field 形成的检查表,如图 11.5 所示,对检查出的问题,上传照片可以督查改正和追溯。

③业主工程部人员,可督查监理人员的工作情况。

④业主经理可以轻易输入筛选项,随时掌握现场质控。

⑤给公司领导的汇报用实在的数据,量化质量管理。

4)Aconex field 缺陷清单编制

在指定区域内对缺陷进行分类,如结构工程、钢结构工程、砌筑工程、空调工程、弱电工程、安全管理等 19 大项,对指定的大项又分为不同的缺陷小项,如图 11.6 所示。

Raffles City Chongqing QA\QC

<u>界面检查表——吊顶封闭前准备工作检查表</u>

塔楼号:

楼层号:

户型编号:

对应缺陷编号	描述	Y	N	NA
07	1. 吊顶内管道和设备已经完成调试和验收			
	2. 吊顶内管道周围二次封堵符合要求(无杂物、孔洞、污染)			
	3. 吊顶内砌体有底灰,混凝土表面清理干净			
	4. 龙骨、吊杆的间距和连接方式、高度符合要求			
	5. 检查孔(或其他孔洞)位置符合要求			
其他				

图 11.5　Aconex field 缺陷清单编制

图 11.6　现场巡检图

5）Aconex field 日常工作

检查员利用平台做好巡检工作,如图 11.7 所示。

图 11.7　Aconex field 日常工作

选择位置:根据区域划分扫描位置,区域可以根据每一位置,生成一个二维码。

添加问题:根据清单对问题类型进行选择。

描述:对问题情况进行描述。

照片:可拍摄照片记录问题情况,且所拍摄图片可以编辑。

位置信息:新增位置信息,标注问题所在地。

分派:不是必填项,可以回办公室用电脑添加,也可以委托本公司其他人员继续跟踪。

截止日期:不是必填项,可以回办公室用电脑添加。

（3）其他管理系统

本项目还使用了 microsoft project P6 及 project 、广联达、斑马梦龙、瀚文网络计划、OA 系统等其他管理系统。

11.2　工程管理重难点

陈小伟(图 11.8),高级工程师,国家一级注册建造师,时任中建八局重庆来福士广场 B 标段工程经理,现任中建八局重庆 T3B 航站楼项目经理,曾先后负责重庆来福士广场、重庆 T3B 候机楼等多个重大项目施工建设。

图 11.8　陈小伟

11.2.1 项目各类体量庞大

主材供应量大：各标段混凝土总方量高达 40 多万 m^3，钢筋总量达 8 万多 t，钢构件 4 万多 t。混凝土供应采用中建商品混凝土重庆有限公司的商品混凝土，日产能约 15 000 m^3，大于来福士单日需求量。钢筋通过西南地区物资集中采购平台，提前锁定厂家，与钢筋直属厂家合作，采取直供直销，保障现场施工需要；同时部分钢筋外加工作补充。

周转架料一次性投入量大：各标段最大投入钢管达 7 000 多吨、模板 37.2 万 m^3。项目自有料具租赁站可供调配的周转架料共 12 000 t，部分周转架料通过与供应公司签订战略合作协议的一级供货商提供，从而满足现场周转架料的供应需求。

机械设备投入量大：A 标段塔吊累计投入量 13 台，施工电梯累计投入量 15 台；B 标段塔吊累计投入量 15 台，施工电梯累计投入量 15 台。采取自有机械、新购买机械以及租赁机械相结合的方式进行供应。

劳动力投入量大：高峰期劳动力投入高达 3 000 余人。采用引进长期合作且具有相关施工经验的成建制劳务施工队伍；设置劳务管理中心，专门负责劳务管理与协调；节假日及农忙前提前增加劳动力等措施。

投入资金量大：累计投入资金最大值出现在 2016 年 10 月，投入金额为 2.16 亿元。采用数量可观的银行综合授信额度、建立专项资金储备等措施。

11.2.2 总承包管理目标

以计划管理为核心、以工期管理为主线、以质量管理为保障、以成本管理为根本、以安全文明施工为常态、以绿色施工为基础，以信息化、标准化、制度化的管理措施，确保优质、高效、安全地将本工程打造成为一流的绿色建筑精品，见表 11.3。

表 11.3 总承包管理目标

目标类别	具体目标
工程质量目标	①确保一次性验收合格； ②确保获得重庆市优质结构工程奖（三峡杯）； ③争创省级质量观摩现场工地； ④确保获得重庆市优质工程奖（巴渝杯）； ⑤确保获得中国建筑钢结构金奖； ⑥确保鲁班（国优）奖
工程安全文明施工管理目标	①严格执行 OHSAS18000 及 GB/T 28001 标准； ②重庆市建筑工地安全文明施工标准化工地，等级为优良； ③全国建筑业 AAA 级安全文明标准化诚信工地

续表

目标类别	具体目标
绿色施工及 LEED 认证	①确保获得重庆市银级绿色建筑及国家一星级绿色建筑,争创重庆市铂金级绿色建筑及国家三星级绿色建筑; ②确保总体工程通过美国绿色建筑协会 LEED 认证
科技创新目标	①确保创建重庆市科技示范工程、国家级科技示范工程; ②确保创建住房和城乡建设部绿色施工科技示范工程; ③争创省部级科技进步奖 1 项以上; ④获得专利 20 项; ⑤发表科技论文 20 篇; ⑥国家级工法 1 项以上,省部级工法 10 项

11.2.3　施工重难点分析

重庆来福士总承包施工管理重难点分析,见表 11.4。

表 11.4　施工重难点分析

序号	项目	难点分析
1	周边环境人流、车流量大,交通组织难度大	工程位于朝天门广场与解放碑之间,人流量大,交通限制多,做好现场施工及人员出入管理,协调组织好物资设备的交通运输,制订确保重庆市规划展览馆车辆、人员进出的交通保障方案是施工管理的难点
2	场地内防洪排水	根据勘察资料显示江水常年洪水位为 180.80 m,50 年一遇洪水位为 191.3 m,本工程地下室基底绝对标高为 180.85 m,地下室地面标高为 182 m,施工期间江水极易因上涨倒灌或渗透进基坑内,基坑内的防洪排水措施是施工管理的难点
3	施工顺序及平面布置的合理安排	本工程包括 8 栋超高层塔楼,裙房及地下室单层最大施工面积约 7.5 万 m²,同时施工面积大;目前基坑处于开挖施工阶段,不同施工区段可能在不同时间才能具备施工条件,场地条件比较复杂;施工场地非常狭小,基坑外基本没有材料堆场,施工材料堆放、加工、道路运输等施工组织非常困难,对施工区段划分、施工流水组织造成很大影响。必须统筹考虑工期、场地条件等因素,充分利用基坑内及裙楼平层楼面空间,合理划分施工区段,做好地下施工阶段、地上结构及装饰等不同施工阶段材料堆放、加工场地布置及运输路线的规划,统一协调调度。合理安排施工穿插,最大限度地减少区段交叉、专业交叉给施工带来的不利影响

续表

序号	项目	难点分析
4	垂直运输管理	塔楼属超高层建筑,垂直运输管理是施工管理的难点。尤其在结构与装饰交叉施工的高峰时期,进场材料、设备众多且劳动力也达到高峰期,人员、材料和设备垂直运输任务繁重。由于塔楼超高,施工电梯往返时间较长,要保证垂直运输安全有序进行,必须合理规划现场各专业材料堆场,制订合理的运输计划,统一协调调度,保证塔吊、施工电梯等垂直运输设备的有效搭配利用,确保工程整体协调同步作业
5	主体结构设计复杂,施工难度大	塔楼结构形式复杂,塔楼1、2、5、6由钢筋混凝土核心筒+SRC柱和钢筋混凝土外框架+腰桁架 & 伸臂桁架组成;塔楼3、4北楼由钢筋混凝土核心筒+外框巨柱+腰桁架 & 伸臂桁架组成;塔楼3、4南楼由钢筋混凝土核心筒+伸臂桁架+钢筋混凝土外框架组成。住宅塔楼是典型的带钢骨混凝土柱的钢筋混凝土结构,塔楼的建筑立面弧线造型由部分斜柱实现。钢结构与混凝土结构交叉施工,难度大
6	超高层塔楼高空测量定位及整体变形控制	本工程包括两栋约350 m高的综合商住楼、6栋200～250 m高的公寓,通过一座空中花园彼此相连,南北立面呈不规则的弧形结构。高空测量易受日照、风力、自振、建筑物变形等不利因素影响,如何选择测量方式,综合考虑工程施工过程中的动态数据,精确控制定位是施工重点之一。 针对核心筒和伸臂桁架、外框架因材质不同而天然存在的变形不协调问题,在结构自重荷载、温度荷载、风荷载作用下的结构变形和安全问题,在施工荷载(如内爬动臂塔吊等)作用下结构整体或局部可靠性问题,均需进行各个施工过程的结构验算和模拟分析,施工过程中还必须做好实时监测,确保变形可控
7	高支模、超大钢构件吊装等危险性较大工程施工	地下B1层、吊S1～S6层高分别为5.5 m、6 m、9.2 m不等,属超高支模施工,屋顶花园连桥及观景天桥钢结构、劲性柱钢结构、幕墙工程、外架施工及大型起重设备安拆等,工艺复杂,施工难度大,均属于危险性较大工程。据住建部建质〔2009〕87号文规定,需编制专项施工方案,超过一定规模的必须进行专家论证。故地下B1层、吊S1～S6层,需制订专项施工技术方案及措施,以确保施工安全及质量控制

续表

序号	项目	难点分析
8	大体积混凝土施工质量控制	本工程基础底板、大截面墙体(结构底部墙体厚 1 400 mm)及大尺寸框架柱(底部巨柱 3 800 mm×3 800 mm)均属大体积混凝土,单次浇筑工程量大,需解决混凝土的连续供应、浇捣顺序组织问题及大体积混凝土的温度应力裂缝问题。故应围绕混凝土配合比、运输组织、浇筑振捣、温控测温、养护等环节,做好质量控制,杜绝有害裂缝产生,保证施工连续进行
9	超长混凝土结构防裂缝	本工程裙楼及地下结构平面尺寸最长约 370 m,最宽约 250 m,属超长混凝土结构,必须围绕后浇带位置和混凝土配合比优化、适当掺加纤维材料、加强混凝土振捣养护等环节,采取可行措施控制超长混凝土结构因温度变化及徐变产生有害裂缝,这些都是质量管理的重点内容
10	混凝土超高泵送	本工程混凝土最大泵送高度达 320 m,属超高程泵送混凝土。合理选择超高压输送泵,科学规划布置泵送立管和水平管,解决超高泵送施工中易出现的"出口压力不足、堵管、爆管、管道清洗困难"等问题;如何优化混凝土配合比以保证混凝土的良好可泵性,将是混凝土工程施工的难点之一
11	爬模及模板外架施工	本工程塔楼 3、4 北楼核心筒采用爬模方案,领先外框架结构施工。考虑爬模与内爬动臂塔吊位置的冲突、墙体变截面、爬升等因素,爬模施工应作为施工重难点加以控制 塔楼 1、2、5、6 及 3、4 南楼弧形立面通过混凝土斜柱实现,施工难度很大 弧形立面脚手架搭设难度很大,采用悬挑脚手架
12	钢管混凝土柱质量控制	塔楼 3、4 北楼底部 3 800 mm×3 800 mm 巨柱为钢管混凝土柱,施工难度大,在施工时钢筋与钢柱的安装顺序、混凝土配比、浇筑方法、振捣养护、质量检测是保证钢柱混凝土质量的关键
13	动臂塔吊的安装、爬升及拆除	本工程 2、3、4、5 塔楼共投入 12 台动臂塔吊,塔吊在核心筒井筒内作内爬布置,必须严格验算核心筒及塔吊预埋件、牛腿和爬升梁,加强塔吊安装、爬升及拆除过程中的安全管理,是本工程安全管理的难点和重点
14	外幕墙质量控制问题	本工程幕墙设计新颖,面积大,种类多,外形呈弧线,如何在满足工期、质量、安全的前提下达到设计整体外观效果是本工程管理的难点

续表

序号	项目	难点分析
15	钢结构施工	长400 m、高约250 m的观景天桥施工是本工程的最大难点,采用高空拼装加液压同步提升的办法进行施工。观景天桥施工完成后,外围的网架施工难度大。网架施工以观景天桥为载体进行高空散装 巨型柱截面大、断面形状复杂,其加工制作是本工程的又一难点;观景天桥桁架结构节点接头多,装配角度、精度要求高,节点制作难度大,采用拼装和焊接工艺进行加工 腰桁架、伸臂桁架及塔楼顶部的观景天桥结构(除整体提升部分)大部分杆件均在高空散装,空中测量定位难度大。采用全站仪进行测量控制 钢结构安装位置高,且均为高空作业,安全防护难度大。将通过严格的安全管理制度和严密的安全防护设施进行保障
16	重庆市规划展览馆占用本项目红线的改造与处理措施	根据对现场条件的勘察,位于朝天门的重庆市规划展览馆部分区域与本工程红线冲突,部分需进行改造拆除,拆除时需对原有结构体系进行分析,采取相应的加固措施,确保改造安全
17	古城墙考古发掘的处理	T1塔楼因古城墙考古发掘等原因开工时间很晚,塔楼施工与周边施工进度不同,协调塔楼施工场地的平面布置,材料进出场的运输,与其他专业分包的配合等都是较大挑战。其他各塔楼会面临结构、综合机电、消防、空调及新风、幕墙、涂料、地暖、精装修等各专业分包全面进场,垂直运输条件非常紧张 解决对策:建造钢栈桥以协调塔楼的施工场地布置与材料运输和与相关专业的协调保证施工顺利进行,加强现场各专业的沟通,定期召开协调会议,各专业对现场资源调度的需求提前做好统筹
18	特殊的地理位置	嘉陵江边地质条件复杂,裙楼基础旋挖施工时经常遇到塌孔以及碰到原有建、构筑物遗留的钢筋混凝土基础、老桩等,影响裙楼基础旋挖桩的施工进度 解决对策: ①基础旋挖桩遇到塌孔,采取回填低标号混凝土,再重新施钻,渐进成孔; ②碰到钢筋混凝土基础、老桩时,摸排桩身周边情况,及时与设计沟通调整桩位。尽量减少进度影响

序号	项目	难点分析
19	交叉作业	部分天窗在施工时,塔楼结构、观景天桥安装等尚在施工中,交叉作业安全风险较大 解决对策:为减少交叉作业风险,天窗施工前考虑采用钢栈桥拆除后的材料提前搭设封闭,天窗玻璃安装后采取一些弹性材料进行覆盖防护
20	裙楼工期安排	裙楼钢结构安装总量非常大,若待土建结构完成后再施工,存在垂直运输运力不足、材料堆场不够、施工人员大量集中上岗等压力,可能造成工期延长 解决对策:对裙楼钢结构,部分区段采取土建外架分层搭设,钢结构提前插入节约安装时间;钢栈桥上部西中庭区经与设计沟通,将 S4 层混凝土结构改为钢结构,实现在未拆除钢栈桥的情况下,也可施工 S4 层以上结构,缩短天窗封闭时间;宴会厅的钢结构将全力缩短安装工期(需 T4N 塔吊配合),以避免后续其他区段钢结构安装时人员、材料等过于集中的压力

第 12 章
重庆来福士项目成果

　　重庆来福士项目自 2012 年 1 月 10 日凯德集团与渝中区政府签约至今,共汇聚来自国内外 30 余家知名顾问机构的智慧和凯德人及超过 5 000 名建设者的心血。从 2012 年 9 月 28 日动工之日起,历经 2 311 天,建设者们攻克无数困难和挑战,创造一个个建筑奇迹,屡获国内外的认可和赞誉。从产品设计、创新技术专利、环保节能、交通生态和多项"前无古人"的尝试,无一不彰显建设者对这一作品倾注的心血和热忱。水晶连廊(观景天桥)钢结构的成功吊装、幕墙吊装和合龙都是国内建筑史上划时代的里程碑,不仅登上央视《新闻联播》,也吸引了英国《每日邮报》《卫报》和法国电视台等权威外媒的争相报道。来福士项目包括但不仅限于以下成果:

　　①荣获 2016 年中国高层建筑创新荣誉奖。

　　②荣获第一届 WBIM 国际数字化大赛施工卓越奖。2018 年 5 月,"重庆来福士项目 BIM 综合应用"通过初评、复评、现场答辩和专家评审等一系列审核,在全球 400 多项比赛成果中脱颖而出,最终荣获第一届 WBIM 国际数字化大赛施工卓越奖。该活动由美国绿色建筑委员会、中美能源合作项目、英国标准协会等联合举办。

　　③荣获 2018 全球工程建设业卓越 BIM 大赛"施工类(大型项目)"类别中国区第一名、全球第二名。在 2018 年 11 月 13 日美国拉斯维加斯颁布的 2018 全球工程建设业卓越 BIM 大赛中,重庆来福士 B 标段获得"施工类(大型项目)"类别中国区第一、全球第二的骄人成绩。全球工程建设业卓越 BIM 大赛至今已举办六届,旨在表彰全球范围内采用互联 BIM、衍生式设计、建筑工业化等新兴技术项目。

　　④荣获第十四届中国钢结构金奖。

　　⑤项目使用技术的集成《超限群塔高空复杂连体结构建造关键技术》达到国际领先水平。项目创新采用"超大容量双料斗+双导管"灌注方式,验证了巨柱桩施工方案的可行性。同时,"超高层民用建筑钢结构整体提升技术""风荷载影响下的提升施工技术""弧形观景天桥多点整体提升同步性技术""弧形连续桁架提升就位的精度控制""观景天桥提升控制及监测技术",项目还采用了超长弧形观景天桥与群塔整体变形分析和精度控制、超高空群塔与弧形观景天桥高位连接施工、超高空观景天桥液压整体提升施工这三项钢结构先进施工技术。

　　⑥2017 年 11 月 12 日,英国皇家建筑师协会在来福士项目召开年会,如图 12.1所示。

　　⑦获得 CTBUH 三项全球大奖即最佳高层建筑奖、消防与风险工程奖、结构工程奖。

图 12.1　2017 年 11 月 27 日观摩会现场

后 记

　　一直以来总在思考,我们绝大部分人从事的工作都是平凡的,那么,平凡工作中又有哪些是有意义的、值得总结提炼的经验呢?经验是日积月累的成果,是否可以整理工作经验供他人研究、借鉴?

　　幸得我的博士生导师、重庆大学王林教授的提点:重庆来福士项目是一个典型的大型城市综合体,也是典型的城市复杂公共空间,在其建造及管理的过程中,总结和积累了很多工程经验,可以项目纪实的方式留存下来以供参阅。

　　我有幸加入新加坡凯德集团,亲历了重庆来福士项目的建设全过程,现有机会对该项目的建设过程进行总结,希望摸索得出的经验能作为同类项目的借鉴和参考。

　　在本书资料整理、编辑过程中,时任中建八局重庆来福士广场 B 标段项目经理陈斌,不但对项目建设作出了重大贡献,而且对本书的资料收集、编辑以及出版都起着重要的推动作用,在此深表感谢。

　　重庆邮电大学许慧老师不畏辛劳地带领学生收集资料,采访项目参建者,在此也深表感谢。

　　此外,还要感谢以下各位项目参建同事的付出,沈锐(土石方工程施工志)、申雨(结构工程施工志)、唐胜军(幕墙工程施工志)、林世友(钢结构工程施工志)、刘军(观景天桥工程施工志)、任勇(机电工程施工志)、杜世海(古城墙工程施工志)、马俊达(交通协调与管理)、张向东(安全管理工程志)、陈小伟(工程管理纪实)以及彭彬、杨田、刘一江、陈丁。感谢罗郝婷、邓宁辉、杨仕铭、陈宇琮等在资料收集与本书编写过程中的辛苦付出!

陈树林

2022 年 1 月 15 日 于深圳

jimmy. chen517@ 163. com

参考文献

［1］齐康. 城市建筑［M］.南京:东南大学出版社,2001.

［2］赵景伟,宋敏,付厚利. 城市三维空间的整合研究［J］.地下空间与工程学报, 2011,7(6):1047-1052.

［3］LADYMAN J,LAMBERT J,WIESNER K. What is a complex system?［J］. European Journal for Philosophy of Science,2013,3(1):33-67.

［4］MADANIPOUR A. Urban design and dilemmas of space［J］. Environment and Planning D:Society and Space, 1996,14(3):331-355.

［5］许凯,KLAUS S. "公共性"的没落到复兴:与欧洲城市公共空间对照下的中国城市 公共空间［J］.城市规划学刊,2013(3):61-69.

［6］罗伯特·文丘里. 建筑的复杂性与矛盾性［M］.周卜颐,译.北京:中国水利水电 出版社,知识产权出版社,2006.

［7］阿尔多·罗西.城市建筑学［M］.黄士均,译.北京:中国建筑工业出版社,2006.

［8］BOONSTRA B,BOELENS L. Self-organization in urban development:Towards a new perspective on spatial planning［J］. Urban Research & Practice,2011,4(2):99-122.

［9］黄晓军. 现代城市物质与社会空间的耦合:以长春市为例［M］.北京:社会科学文 献出版社,2014:123-126.

［10］杨新军.《现代城市物质与社会空间的耦合》书评［J］.人文地理,2015,30 (5):159.

［11］肖彦. 复杂性视角下城市空间解析模型的耦合优化研究［D］.大连:大连理工大 学,2015.

［12］WILLIS H H,LESTER G,TREVERTON G F. Information sharing for infrastructure risk management:Barriers and solutions［J］. Intelligence and National Security, 2009,24(3):339-365.

［13］HERACLEOUS C,KOLIOS P,PANAYIOTOU C G, et al. Hybrid systems modeling for critical infrastructures interdependency analysis［J］. Reliability Engineering & System Safety,2017,165:89-101.

［14］王诗莹，李向阳，刘绍阁. 城市关键基础设施系统关联异动脆弱性评估［J］. 上海交通大学学报，2016，50（12）：1940-1944.

［15］ROBIN E B. Preliminary interdependency analysis：An approach to support critical-infrastructure risk-assessment［J］. Reliability Engineering & System Safety，2017，167：198-217.

［16］MIN O. A mathematical framework to optimize resilience of interdependent critical infrastructure systems under spatially localized attacks［J］. European Journal of Operational Research，2017，262（3）：1072-1084.

［17］LEU S S，CHANG C M. Bayesian-network-based safety risk assessment for steel construction projects［J］. Accident Analysis & Prevention，2013，54：122-133.

［18］LIMAO Z. Bayesian-network-based safety risk analysis in construction projects［J］. Reliability Engineering & System Safety，2014，131：29-39.

［19］FAN W. Modeling tunnel construction risk dynamics：Addressing the production versus protection problem［J］. Safety Science，2016，87：101-115.

［20］ESMAEIL Z. Dynamic safety assessment of natural gas stations using Bayesian network［J］. Journal of Hazardous Materials，2017，321：830-840.

［21］YOUNGSUK K. Network reliability analysis of complex systems using a non-simulation-based method［J］. Reliability Engineering & System Safety，2013，110：80-88.

［22］GUO R，WANG S N，HUANG M S. Underground railway safety analysis and planning strategy：A case of Harbin metro line 1，China［J］. Procedia Engineering，2016，165：575-582.

［23］高建平，王舸. 轨道交通枢纽灾害风险等级评估方法研究［J］. 中国安全生产科学技术，2014，10（9）：55-60.

［24］GODSCHALK D R. Urban hazard mitigation：Creating resilient cities［J］. Natural Hazards Review，2003，4（3）：136-143.

［25］HUI X. Key indicators for the resilience of complex urban public spaces［J］. Journal of Building Engineering，2017，12：306-313.

［26］陶希东. 韧性城市：内涵认知、国际经验与中国策略［J］. 人民论坛·学术前沿，2022（S1）：79-89.

［27］高恩新. 防御性、脆弱性与韧性：城市安全管理的三重变奏［J］. 中国行政管理，2016（11）：105-110.

［28］李瑞奇，黄弘，周睿. 基于韧性曲线的城市安全韧性建模［J］. 清华大学学报（自然科学版），2020，60（1）：1-8.

［29］SAEED N. Near-optimal planning using approximate dynamic programming to enhance post-hazard community resilience management［J］. Reliability Engineering & System Safety，2019，181：116-126.

［30］仇保兴. 迈向韧性城市的十个步骤［J］.中国名城,2021,35(1):1-8.

［31］BPI 照明设计有限公司. 重庆来福士广场照明设计［J］.照明工程学报,2022,33
(4):229-230.

［32］阎波,韩梓依,贾鑫铭.地下建筑出入口恢复性空间影响因素研究:以重庆来福士
购物中心为例［J］.西部人居环境学刊,2021,36(6):66-74.

［33］李改,彭博,周应权.重庆来福士广场水晶连廊高空整体提升施工安全自动化
监测研究［J］.重庆建筑,2021,20(1):38-40.

［34］吕桂元,侯春明,戴超,等.重庆来福士项目观景天桥阻尼器的快速安装方法
［J］.建筑施工,2020,42(9):1662-1664.

［34］吕桂元,侯春明,戴超,等.重庆来福士项目观景天桥阻尼器的快速安装方法
［J］.建筑施工,2020,42(9):1662-1664.

［35］杨言,曾有财. 工程质量安全监管的实践与思考:以重庆来福士广场项目观景天
桥工程为例［J］.城市建筑,2020,17(23):165-166.

［36］牛功科,梁存之,岳国君. 重庆来福士观景天桥底部弧形铝板幕墙系统整体提
升技术［J］.建筑科学,2020,36(3):134-138.

［37］刘旭冉,伊达,侯春明,等. 重庆来福士广场沉降后浇带提前封闭关键技术
［J］.施工技术,2019,48(18):1-3.

［38］程小剑,李玉梅,马维新. 重庆来福士广场空中连廊铝板单元整体吊装技术
［J］.施工技术,2019,48(2):55-58.

［39］赵长江,侯春明,任志平,等. 重庆来福士广场超高层施工电梯整体基础转换
施工技术［J］.施工技术,2018,47(23):11-14.

［40］刘旭冉,侯春明,黄和飞,等. 重庆来福士广场超大截面弧形 SRC 巨柱爬模施
工关键技术［J］.施工技术,2018,47(23):15-18.

［41］侯春明,任志平,张兴志,等. 重庆来福士广场高空超长水晶连廊设计与建造
管理［J］.施工技术,2018,47(23):1-6.

［42］杨言,曾有财. 工程质量安全监管的实践与思考:以重庆来福士广场项目观景天
桥工程为例［J］.城市建筑,2020,17(23):165-166.

［43］牛功科,梁存之,岳国君. 重庆来福士观景天桥底部弧形铝板幕墙系统整体提
升技术［J］.建筑科学,2020,36(3):134-138.

［44］刘旭冉,伊达,侯春明,等. 重庆来福士广场沉降后浇带提前封闭关键技术
［J］.施工技术,2019,48(24):110-112.

［45］刘旭冉,侯春明,戴超,等. 重庆来福士广场风帆塔楼弧曲面幕墙施工关键技
术［J］.施工技术,2019,48(18):1-3.

［46］程小剑,李玉梅,马维新. 重庆来福士广场空中连廊铝板单元整体吊装技术
［J］.施工技术,2019,48(2):55-58.

［47］赵长江,侯春明,任志平,等. 重庆来福士广场超高层施工电梯整体基础转换

施工技术[J].施工技术,2018,47(23):11-14.

[48] 刘旭冉,侯春明,黄和飞,等.重庆来福士广场超大截面弧形 SRC 巨柱爬模施工关键技术[J].施工技术,2018,47(23):15-18.

[49] 刘旭冉,戴超,武雄飞,等.重庆来福士广场型钢混凝土组合伸臂结构施工关键技术[J].施工技术,2018,47(23):19-23.

[50] 侯春明,任志平,张兴志,等.重庆来福士广场高空超长水晶连廊设计与建造管理[J].施工技术,2018,47(23):1-6.

[51] 侯春明,戴超,武雄飞,等.重庆来福士广场超高层大吨位外挂式塔式起重机附墙加固施工技术[J].施工技术,2018,47(23):7-10.

[52] 侯春明,任志平,张兴志,等.重庆来福士广场(A 标段)项目 BIM 技术应用[J].中国高新科技,2018(22):26-32.

[53] 黄和飞,戴超,武雄飞,等.重庆来福士广场多层弧形吊柱高空无胎架支撑施工关键技术[J].施工技术,2018,47(S1):316-318.

[54] 华建民,马强,唐香君,等.重庆来福士广场巨型焊接型钢柱加工制作关键技术[J].施工技术,2018,47(2):1-3.

[55] 苏川,戴超,王丹,等.重庆来福士广场裙房大跨钢结构安装施工关键技术[J].施工技术,2017,46(S2):1272-1275.

[56] 孙晓乾.重庆来福士广场空中连廊消防设计[J].重庆建筑,2017,16(12):5-7.

[57] 刘鹏,王隽,曹平,等.高层建筑群的多维度复合施工:重庆来福士广场工程复合施工技术与施工管理[J].重庆建筑,2017,16(11):26-28.

[58] 石从黎,赵海红,谢武明.重庆来福士广场筏板基础大体积混凝土的设计与应用[J].重庆建筑,2017,16(4):58-60.

[59] 谢路新,魏爱生,张婷,等.重庆来福士广场巨型人工挖孔桩的钢筋笼安装施工技术[J].建筑施工,2016,38(6):694-696.

[60] 程瑜,吴同情,范昕然.重庆来福士广场深基坑地下水的控制[J].福建建筑,2016(2):80-82.

[61] 韩小娟,朱立刚,涂望龙,等.重庆来福士广场南塔结构设计[J].建筑结构,2015,45(24):1-8.

[62] 张正维,杜平,ANDREW A,等.重庆来福士广场抗风设计[J].建筑结构,2015,45(24):29-36.